Monster-Mikroben

Mit Illustrationen von
Sebastiaan Van Doninck

Marc Van Ranst
und Geert Bouckaert

Monster-Mikroben

Alles über nützliche Bakterien und fiese Viren

Aus dem Niederländischen von Stefanie Ochel

Carl Hanser Verlag

Inhalt

Was sind Mikroben, und was tun sie?

1 Mikroben und Bakterien – was ist der Unterschied?

Zwar sind alle Bakterien auch Mikroben, aber nicht alle Mikroben sind Bakterien. *Mikrobe* ist der Sammelbegriff für die verschiedensten Mikroorganismen. Darunter versteht man Lebensformen, die so klein sind, dass man sie mit bloßem Auge nicht erkennen kann. Das geht nur mit dem Mikroskop. Die bekanntesten Vertreter von Mikroben sind: Bakterien, Parasiten, Viren und Pilze. Zur letzten Gruppe gehören auch die Hefen.

KLEINE FIESLINGE? Von Bakterien und Viren hast du bestimmt schon gehört – und wahrscheinlich nicht viel Gutes.

Viele sehen Bakterien und Viren vor allem als fiese Winzlinge, die uns krank machen. Es stimmt auch, dass Bakterien dir Halsweh oder eine Ohrentzündung bescheren können. Und von Viren kann man eine Grippe bekommen. Oder noch schlimmer: Pocken oder Kinderlähmung. Aber die meisten Bakterien und Viren tun nichts Böses. Viele Bakterien sind sogar richtig nützlich. Manche helfen dir zum Beispiel dabei, dein Essen zu verdauen. Es gibt sogar Bakterien, die angespülte Ölklumpen am Strand zersetzen.

BAKTERIEN ODER VIREN? Bakterien und Viren werden als Krankheitserreger manchmal miteinander verwechselt. Dabei sind sie so verschieden wie Mücke und Elefant. Viren sind viel kleiner als Bakterien. Das größte Virus ist gerade mal so groß wie die kleinste Bakterie.

PIRATEN Der größte Unterschied zwischen Bakterien und Viren ist die Art, wie sie sich vermehren. Bakterien vermehren sich selbstständig. Viren dagegen können sich nur fortpflanzen, wenn sie in ein Lebewesen ein-

dringen. Dieses Lebewesen nennt die Wissenschaft den *Wirt*. Viren sind also ein bisschen wie Piraten, die ein Schiff kapern. Solange sie in ihrem eigenen Schiff sitzen, verhalten sie sich ruhig, aber kaum entern sie ein fremdes Schiff, wüten sie furchtbar drauflos.

UNGEBETENE GÄSTE Parasiten sind Mikroben, die sich auf Kosten eines anderen Lebewesens ernähren. Sie nisten sich in ihrem Wirt ein und futtern fröhlich mit ihm mit. Sie sind wie unangekündigter Besuch, der sich einfach mit an den Tisch setzt. Manche Parasiten sind auf andere Tiere angewiesen, um in ihren Wirt einzudringen. Der Malariaparasit zum Beispiel gelangt mithilfe einer Mücke in unser Blut.

PELZIGER PILZ Kennst du das? Du holst nichts ahnend den Käse aus dem Kühlschrank, und auf einmal ist er mit einer pelzigen grünen oder weißen Schicht bedeckt. Das Weiße und Grüne sind Schimmelpilze. Diese Mikroben kann man sehr wohl mit bloßem Auge sehen – aber nur, weil es Millionen von ihnen sind. Manche Mikropilze können Infektionen verursachen. Im Schwimmbad zum Beispiel können wir uns mit Fußpilz anstecken. Aber die meisten Mikropilze leisten gute Arbeit.

Am nützlichsten unter ihnen sind die Hefen. Hefepilze wandeln Zucker in Alkohol um. Mit ihrer Hilfe können wir Bier und Wein herstellen. Auch in Brot- und Pizzateig steckt Hefe. Sie lässt den Teig aufgehen.

2 Wo kommen Mikroben vor?

Besser gefragt: Wo kommen sie nicht vor? Hol doch mal eine Handvoll Erde aus dem Garten. Du hältst jetzt Tausende verschiedene Arten von Mikroben in der Hand. In einem Teelöffel Gartenerde befinden sich über eine Milliarde Bakterien und um die 120 000 Pilzsporen.

Mikroben gibt es überall. Und so soll es auch sein. Ohne Mikroben wäre das Leben auf der Erde unmöglich. Ohne sie könnten Pflanzen nicht wachsen. Wir könnten nicht atmen und unser Essen nicht verdauen. Viele unserer leckersten Nahrungsmittel würde es ohne Mikroben gar nicht geben. Ohne Bakterien könnten wir zum Beispiel keinen Joghurt machen.

Mikroben gibt es in der Luft, die wir einatmen, in dem Boden, auf dem wir laufen, und in den Gewässern, in denen wir schwimmen. Auch in Pflanzen und Tieren, auf Felsen und Steinen, in unserem Essen und selbst in unserem Körper sind Milliarden von ihnen zu Hause!

MIKROBEN-TUMMELPLATZ Fährst du dir manchmal mit der Zunge über die Zähne? Und ist dir klar, dass du dabei Tausende Mikroorganismen aufleckst, die auf deinem Gebiss leben? Auch auf deiner Zunge sind Millionen von ihnen zu Hause. In deinem Darm tummeln sich fünfhundert verschiedene Arten von Bakterien. Und allein auf deiner Haut wohnen mehr Mikroben, als es auf der ganzen Erde Menschen gibt. So haben zum Beispiel alle Menschen Warzenviren auf der Haut. Durch winzig kleine Hautrisse können sie in den Körper eindringen und Warzen verursachen. Die sind aber harmlos.

Bakterien, Viren und Pilze machen einen großen Teil deines Körpers aus. Stell dir mal vor, es gäbe Außerirdische, und die würden einen Menschen im Labor untersuchen. Was würden sie da entdecken? Einfach einen großen, wandelnden Mikroben-Tummelplatz!

ÜBERLEBENSKÜNSTLER Mikroben sind wahre Überlebenskünstler, die sich bestens an ihre Umgebung anpassen können. Manche leben an Orten, von denen wir früher dachten, dass dort gar kein Leben möglich sei. So haben Forscher schon in glühend heißen Quellen Mikroben entdeckt. Sogar in Spalten am Ozeanboden – zum Beispiel in der Nähe der Galapagos-Inseln –, wo fast kein Licht hingelangt und das Wasser giftig ist, sind Mikroben zu Hause. Auch im Gemäuer alter Kirchen wurden schon welche gefunden.

LEBEN AUF DEM MARS Vor Tausenden von Jahren krachte ein Steinbrocken vom Mars auf die Erde. Bei Untersuchungen unter dem Mikroskop wurden im Gestein mögliche fossile Spuren winzig kleiner Lebewesen entdeckt. Manche Wissenschaftler*innen glauben, es könnte sich um Bakterien gehandelt haben. Also haben vielleicht auch auf dem Mars einst Mikroben gelebt.

3 Woher kommen Mikroben?

Mikroben gibt es eigentlich schon immer. Sie sind die älteste Lebensform auf der Erde. Älter als Dinosaurier, älter als Pflanzen und natürlich auch Menschen. Forscherteams haben fossile Bakterien entdeckt, die über 3,5 Milliarden Jahre alt sind. Dagegen sind wir Menschen bloß Babys. Uns gibt es ja erst schlappe zwei Millionen Jahre.

Stell dir die Erdgeschichte als einen einzigen Tag vor: Dann sind die Mikroben um fünf Uhr morgens entstanden, die Dinosaurier um zehn Uhr abends und die ersten Menschen erst ganz kurz vor Mitternacht.

BAUSTEINE DES LEBENS Als die ersten Mikroben entstanden, war die Erde noch ganz jung. Da bestand sie noch aus dampfenden Lavaströmen, brodelnden Quellen und Gaswolken. Aus diesen Elementen entstanden Proteine, also Eiweiße, die Bausteine des Lebens. Verschiedene Proteine setzten sich zu Bakterien zusammen. Damit sind Bakterien die älteste Lebensform: Sie waren die ersten Wesen, die sich fortpflanzen konnten. Und sie enthielten DNA.

Die DNA ist der Bauplan für alles Leben. Fast jede Zelle deines Körpers enthält DNA. Sie trägt alle Informationen, die nötig sind, um dich zu dem zu machen, was du bist. Dein Aussehen, deine Augen- und Haarfarbe, sogar Rechts- oder Linkshändigkeit: Alles steht in deiner DNA.

DNA sieht aus wie eine lange spiralförmige Leiter. Wir sind alle voll damit. Würden wir die DNA aus einer einzigen Zelle auseinanderziehen, käme ein zwei Meter langer Faden heraus. In deinem Körper befinden sich etwa 30 Billionen Zellen. Die Gesamtlänge aller DNA in deinem Körper zusammengelegt ergäbe vierhundert Mal die Strecke von der Erde bis zur Sonne.

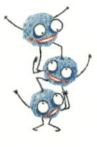

Was sind Mikroben, und was tun sie?

SAUERSTOFF Die allerersten Bakterien spielten eine wichtige Rolle bei der Entstehung unseres Planeten. Aus Bakterien entwickelten sich andere Lebewesen wie winzige Algen. Bakterien, die vor drei Milliarden Jahren im Wasser lebten, erzeugten den Sauerstoff, den wir zum Atmen brauchen. So veränderten sie nach und nach die Bedingungen auf der Erde und ermöglichten so größeren Lebewesen das Überleben auf dem Planeten. Mikroben sind für alles Leben auf unserem Planeten unverzichtbar.

UNENTDECKT Mikroben passen sich ständig an, und so tummeln sie sich heute überall auf der Erde. Würden wir alle Mikroben auf der Erde nebeneinandersetzen, würden sie mehr Platz einnehmen als alle anderen Tiere. Und wir dürfen nicht vergessen, dass es wahrscheinlich noch ganz viele Mikroben gibt, von denen wir heute noch gar nichts wissen. Wissenschaftler*innen sind überzeugt, dass es noch eine ganze Menge von ihnen zu entdecken gilt.

4 Wie sehen Mikroben aus?

Mikroben sind so winzig, dass man sie nur durch ein Mikroskop sehen kann. Unter einem Schulmikroskop erkennt man bloß Punkte oder Striche. Um Mikroben richtig zu sehen, braucht man ein Elektronenmikroskop. Das ist ein besonders starkes Mikroskop, das in der Mikrobiologie verwendet wird. So heißt die Wissenschaft, die sich mit Mikroorganismen befasst.

DIE KLEINSTEN DER KLEINEN Die kleinsten aller Mikroorganismen sind die Viren. Angenommen, ein Virus wäre so groß wie ein Tennisball – dann wäre eine Bakterie so groß wie ein Hüpfball.

Parasiten sind etwas größer als Bakterien, aber trotzdem nicht mit bloßem Auge zu erkennen. Pilze kann man oft sehr wohl mit bloßem Auge sehen, zum Beispiel auf altem Brot. Aber das geht nur, weil es so viele sind, die sich einfach sehr stark vermehrt haben.

MINIWÜRSTCHEN Wie erforschen Wissenschaftler*innen Mikroben? Sie tunken eine Nadel in eine Flüssigkeit, in der sich Mikroben befinden. Die Spitze der Nadel legen sie unter ein Elektronenmikroskop. Alle Mikroben darauf sind jetzt gut zu erkennen. Und wie sehen diese Mikroben in der Vergrößerung aus? Das hängt natürlich davon ab, um welche Mikrobe es sich handelt.

Normale Bakterien, wie zum Beispiel die in unserem Darm, sind längliche, orangefarbene Stäbchen. Sie sehen ein bisschen aus wie Miniwürstchen oder Kroketten. Andere Bakterienarten sind rund und erinnern mehr an Falafelbällchen. Manche sind spiralförmig wie Korkenzieher. Sie sind nicht immer orange, sondern manchmal auch gelb, blau, braun oder grün. Bestimmte Bakterienarten haben Anhängsel, die an Härchen erinnern. Die nutzen sie zur Fortbewegung.

FUSSBALL Viren sehen total anders aus. Ein gewöhnliches Erkältungsvirus zum Beispiel erinnert ein bisschen an einen Lederfußball: Es besteht aus vielen fünf- oder sechsseitigen Läppchen. So ein Virus ist sehr stabil gebaut. Manche Arten haben noch eine Extrahülle mit Stacheln. Andere Viren sehen mehr aus wie ein Zweig oder ein Seilstück. Die ausgeklügelsten Viren erinnern an Raumschiffe, mit denen man das Weltall erkunden kann.

AUF FALSCHEN FÜSSCHEN Mikroparasiten sehen oft aus wie große Bakterien. Die meisten von ihnen verfügen über Anhängsel, die an Härchen erinnern. Manche haben auch Scheinfüßchen, die sie zur Fortbewegung ausklappen können.

Legt man Schimmelpilze unter das Mikroskop, sieht man ein Wirrwarr aus langen Fäden. Bei Hefe zeigt sich ein ganz anderes Bild: Sie sieht eher klumpig aus, wie geschmolzenes Kerzenwachs oder getrocknete Farbkleckse.

Kurzum, Mikroben gibt es in ganz vielen Formen, Farben und Größen.

5 Welche Mikroben sind für den Menschen besonders nützlich?

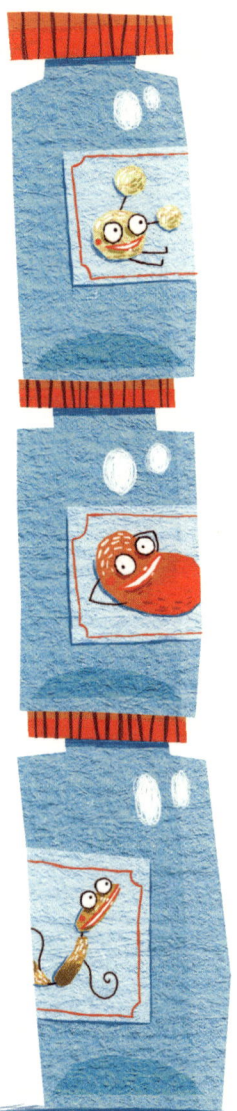

Mit jedem tiefen Atemzug saugen wir Tausende Mikroben aus der Luft ein. Wären die alle ungesund, wäre die Menschheit längst ausgestorben. Das Gegenteil ist der Fall.

Der Großteil der Bakterien ist für den Menschen unschädlich. Ein paar von ihnen sind sogar sehr nützlich. So produzieren Bakterien einen Großteil des Sauerstoffs, den wir einatmen. Und sie sind die unsichtbare Müllabfuhr unseres Planeten: Sie zersetzen nämlich Abfälle. Ohne sie wäre unsere Erde restlos zugemüllt.

SCHUTZ Auch die meisten Bakterien auf und in unserem Körper leisten sinnvolle Arbeit. Zum Beispiel schützen uns die Bakterien auf der Haut vor schädlichen Fremdkeimen. Die Bakterien in unserem Darm tun das in gewissem Sinne auch. Du kannst dir deinen Darm als großen Parkplatz und die Bakterien als Autos vorstellen: Wenn die guten Bakterien alle Parkplätze besetzen, ist kein Platz mehr für die gefährlichen Krankmacher.

Die guten Darmbakterien helfen vor allem bei der Nahrungsverdauung. Sie bilden außerdem Vitamin K. Dieser Stoff ist wichtig für die Blutgerinnung. Blut gerinnt, wenn es an die Luft kommt. Dann verklumpt es und wird fest. Du kennst das von deinen Schrammen am Knie: Erst blutet es heftig, aber nach kurzer Zeit hört die Blutung auf, und es bildet sich eine Kruste. Dass das Blut gerinnen kann, ist sehr wichtig – stell dir vor, es würde einfach so weiterfließen, dann würdest du viel zu viel Blut verlieren.

BAKTERIEN EROBERN DEN SUPERMARKT Gute Bakterien sind für die Nahrungsverdauung unverzichtbar. Viele Menschen haben Probleme mit ihrer Verdauung. Darum kann man die guten Bakterien heute auch im Glas kaufen.

Verschiedene Hersteller fügen sie zum Beispiel Milchgetränken bei. Sie sollen helfen, unseren Darm gesünder zu machen. Es gibt zwar keinen Beweis dafür, dass diese Produkte halten, was sie versprechen – aber eins ist sicher: Bakterien haben längst auch den Supermarkt erobert.

LECKER Milch und Bakterien – das führt oft zu interessanten Ergebnissen. So gibt es Bakterien, die aus Milch Joghurt oder Käse machen. Und Sauerkraut ist nichts anderes als Weißkohl, den Bakterien sauer gemacht haben. Ohne Bakterien gäbe es all diese Leckereien nicht!

UMWELTFREUNDLICH Viele Pilze wie auch manche Bakterien helfen dabei, unseren Planeten sauber zu halten. Sie ernähren sich von verrottenden Blättern, Altholz sowie toten Pflanzen und Tieren. Sie entsorgen tote Reste, die sonst einfach liegen bleiben würden. Schimmelpilze sind von allen Mikroben die größten Umweltschützer.

Aber sie können noch mehr. Bestimmt hast du schon einmal von *Antibiotika* gehört. Das ist ein Sammelbegriff für verschiedene Medikamente, die schädlichen Bakterien zu Leibe rücken oder ihnen die Nahrung wegnehmen, damit wir uns wieder von der Krankheit erholen können, die die Bakterien verursacht haben. Viele dieser Medikamente enthalten Stoffe, die von einem Schimmelpilz stammen. Im nächsten Kapitel erfährst du darüber mehr.

Genau wie manche Bakterien sorgen auch Mikropilze für leckere Lebensmittel. Hast du etwa noch nie Blauschimmelkäse probiert? Der schmeckt ganz toll zu einer Scheibe Brot. Der Geschmack kommt von den enthaltenen Schimmelpilzen. Trinken deine Eltern dazu gern ein Glas Wein oder Bier? Die wiederum gäbe es ohne Hefepilze nicht.

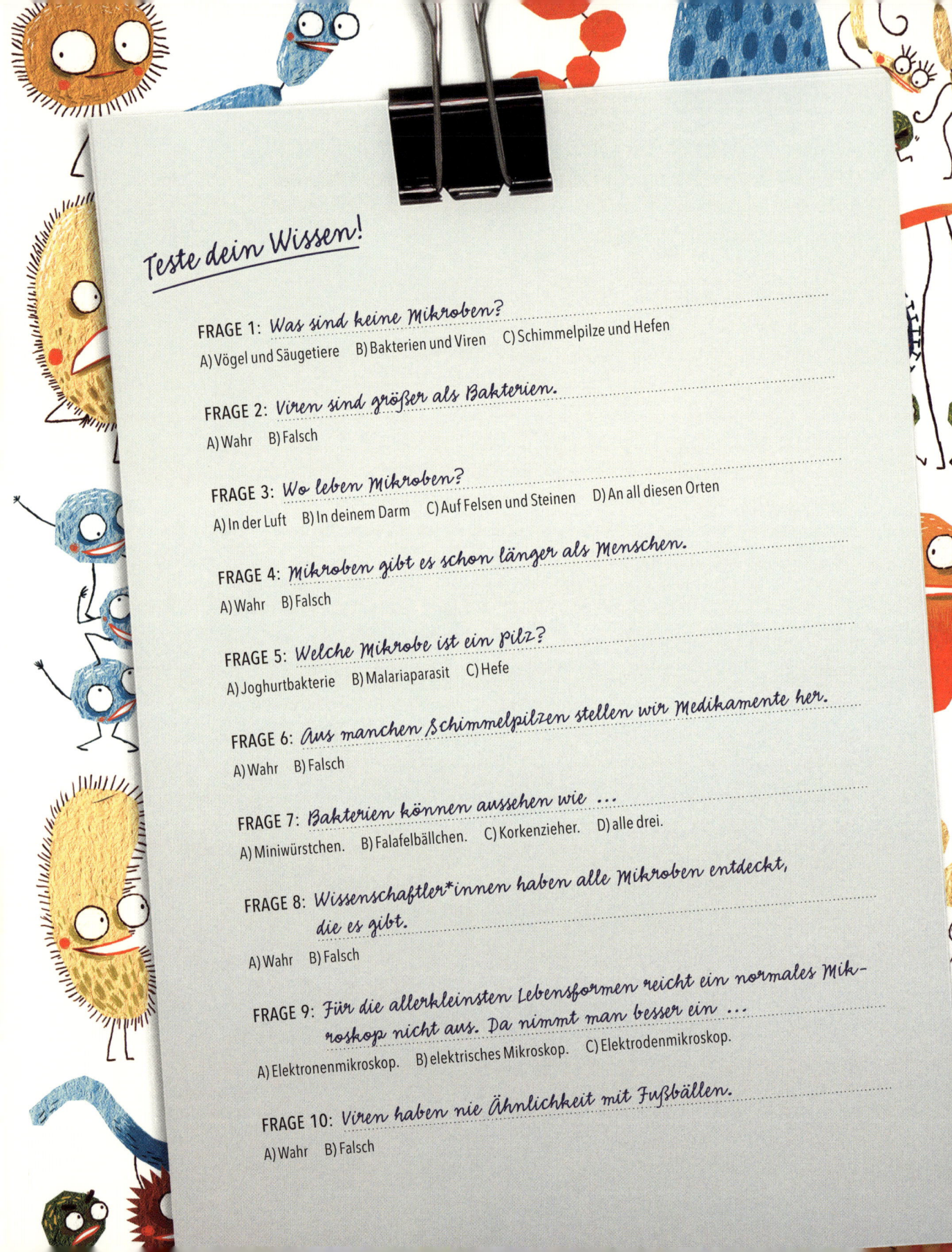

Teste dein Wissen!

FRAGE 1: *Was sind keine Mikroben?*

A) Vögel und Säugetiere   B) Bakterien und Viren   C) Schimmelpilze und Hefen

FRAGE 2: *Viren sind größer als Bakterien.*

A) Wahr   B) Falsch

FRAGE 3: *Wo leben Mikroben?*

A) In der Luft   B) In deinem Darm   C) Auf Felsen und Steinen   D) An all diesen Orten

FRAGE 4: *Mikroben gibt es schon länger als Menschen.*

A) Wahr   B) Falsch

FRAGE 5: *Welche Mikrobe ist ein Pilz?*

A) Joghurtbakterie   B) Malariaparasit   C) Hefe

FRAGE 6: *Aus manchen Schimmelpilzen stellen wir Medikamente her.*

A) Wahr   B) Falsch

FRAGE 7: *Bakterien können aussehen wie …*

A) Miniwürstchen.   B) Falafelbällchen.   C) Korkenzieher.   D) alle drei.

FRAGE 8: *Wissenschaftler*innen haben alle Mikroben entdeckt, die es gibt.*

A) Wahr   B) Falsch

FRAGE 9: *Für die allerkleinsten Lebensformen reicht ein normales Mikroskop nicht aus. Da nimmt man besser ein …*

A) Elektronenmikroskop.   B) elektrisches Mikroskop.   C) Elektrodenmikroskop.

FRAGE 10: *Viren haben nie Ähnlichkeit mit Fußbällen.*

A) Wahr   B) Falsch

Wie verbreiten sich Mikroben? Und wie werden wir die Fieslinge unter ihnen wieder los?

1 Gibt es männliche und weibliche Bakterien?

Bakterien sind geschlechtslos. Es gibt also keine Männchen oder Weibchen. Bakterien haben auch keinen Sex!

Bakterien pflanzen sich fort, indem sie sich zweiteilen. Diese zwei neuen Bakterien teilen sich auch wieder. Und schon sind sie zu viert. Aus diesen vier entstehen acht. Und so geht es weiter. Etwa alle zwanzig Minuten können sich Bakterien teilen. Nach zehn Stunden können so aus einer Bakterie Millionen entstehen!

WÄHLERISCH Bakterien teilen sich jedoch nur unter idealen Bedingungen. Erstens muss genug Nahrung vorhanden sein. Bakterien ernähren sich von Proteinen oder Kohlehydraten. Fleisch, Fisch, Milch, Gemüse und Obst sind zum Beispiel als Nahrung sehr beliebt.

Zweitens ist die Temperatur wichtig: Die Umgebung darf nicht zu warm und nicht zu kalt sein. Bakterien sind da sehr anspruchsvoll.

Und drittens haben Bakterien es gerne etwas feucht.

Ist eine dieser Bedingungen nicht erfüllt, können sie sich nicht vermehren. Das heißt nicht, dass sie sofort absterben. Bakterien können auch im »Schlafzustand« überleben. Wenn die Umstände dann wieder besser sind, werden sie »wach« und vermehren sich rasend schnell.

SPOREN Manche Parasiten und Hefepilze pflanzen sich auf die gleiche Art wie Bakterien fort. Die meisten Schimmelpilze vermehren sich, indem sie Sporen entwickeln. Sporen sind ein bisschen wie Samen, die mithilfe von

Wind und Regen durch die Luft getragen werden können. So können an einem ganz anderen Ort wieder neue Schimmelpilzkolonien entstehen. Größere Pilze wie die Gift- und Speisepilze im Wald verbreiten sich auch auf diese Art.

KOPIEN Viren können sich nicht aus eigener Kraft vermehren. Dafür brauchen sie einen Wirt. In einer Zelle des Wirts nutzen sie das Material, das sie dort vorfinden. Viren sind wie Roboter, die in eine Fabrik einbrechen, um sich selbst nachzubauen. Und die Kopien der Viren, ihre Doppelgänger, brechen dann aus der Zelle aus, um andere Zellen zu befallen.

Mikroben können sich also unheimlich schnell vermehren. Aber warum stecken wir dann nicht bis zum Hals in Bakterien, Viren und Schimmel? Der Grund ist einfach: Wenn zu viele Mikroben an einem Ort sind, stirbt ein Haufen von ihnen auch wieder ab. Weil zu wenig Nahrung, zu viel Abfall oder einfach zu wenig Platz ist. Und doch sind wir ständig von Milliarden Mikroben umgeben!

2 Können Bakterien am Nordpol überleben?

Mikroben können sich den verschiedensten Lebensbedingungen anpassen. Also können auch am Nordpol Bakterien überleben. Forscher*innen haben Bakterien schon in dicken Eisschichten gefunden, wo Temperaturen von -40 °C herrschten.

Sehr viele Bakterien werden jedoch am Nordpol nicht leben. Dafür gibt es dort zu wenige Lebewesen. Und so richtig toll finden Bakterien die Kälte auch nicht, denn wenn es kalt ist, können sie sich nicht so schnell vermehren. Die meisten Bakterien vermehren sich am schnellsten bei Temperaturen zwischen 15 und 40 °C. Bei niedrigeren Temperaturen geht die Teilung viel langsamer vonstatten.

IM KÜHLSCHRANK Darum bewahren wir verderbliches Essen auch im Kühlschrank auf. Dort ist es immer kälter als 7 °C. Noch kälter ist es im Tiefkühlschrank. Bei Temperaturen unter null vermehren sich Bakterien gar nicht mehr – aber sie sterben auch nicht ab. Als das Forscherteam die im Eis entdeckten Bakterien in eine wärmere Umgebung brachte, erwachten sie wie durch Zauberhand wieder zum Leben und vermehrten sich munter drauflos.

Essen aus der Tiefkühltruhe kann also durchaus noch verderben, denn schon kurz nach dem Auftauen können sich wieder Millionen Bakterien darauf tummeln.

Manche gefährlichen Bakterien werden in speziellen Tiefkühlschränken im Labor aufbewahrt. Solange sie sich nicht vermehren können, können sie keinen Schaden anrichten. Aber sie sollen am Leben bleiben, damit Wissenschaftler*innen sie erforschen können.

Wie verbreiten sich Mikroben? Und wie werden wir die Fieslinge unter ihnen wieder los?

IN DER PFANNE Bakterien stehen also nicht besonders auf Kälte, aber Hitze mögen sie auch nicht. Denn auch bei Temperaturen über 40 °C können sie sich nicht so schnell vermehren. Viele Bakterien sterben bei über 40 °C sogar ab.

Das ist einer der Gründe, warum wir viele Sachen, die wir essen, erst einmal kochen, backen oder braten. Die meisten Bakterien, die auf unseren Nahrungsmitteln wohnen und uns krank machen könnten, sterben dann. Besonders schädliche Bakterien, die sich gern in unserem Magen oder Darm einnisten wollen, sterben bei Temperaturen ab 75 °C. Salmonellen zum Beispiel. Menschen können sich mit Salmonellen infizieren, wenn sie Gerichte mit rohen Eiern essen.

Im Labor werden die richtig gefährlichen Bakterien auf dieselbe Art vernichtet. Forscher*innen stecken die Gegenstände, auf denen sich die Bakterien tummeln, in einen speziellen Reinigungsbehälter. Der heißt *Autoklav* und wirkt wie ein Schnellkochtopf: Er kann sich auf Temperaturen von über 100 °C erhitzen. Bei solcher Hitze überleben Bakterien nicht.

3 Warum muss ich mir vor dem Essen die Hände waschen?

Hast du dir auch die Hände gewaschen? Diese Frage hörst du wahrscheinlich jeden Tag. Vielleicht kommt sie dir schon zu den Ohren raus.

Erwachsene fragen das ständig, weil es wirklich so wichtig ist.

WARUM? Auf deinen Händen leben Millionen von Mikroben. Die meisten sind ungefährlich, aber du kannst dir auch leicht welche einfangen, die dich krank machen. Wer sich die Hände nicht regelmäßig wäscht, kann die schädlichen Mikroben an andere Menschen weitergeben. Oder sich selbst anstecken. Wenn du dir die Augen reibst oder in der Nase bohrst, können die Mikroben über die feuchte Augen- und Nasenschleimhaut leicht nach innen wandern. Oder sie gelangen in deinen Mund, wenn du mit ungewaschenen Händen isst oder deine Finger ableckst.

Die krank machenden Mikroben kannst du dir einfangen, wenn du zum Beispiel eine Türklinke oder ein Treppengeländer berührst. Die wurden ja auch von anderen Menschen angefasst, die sich vielleicht nicht alle die Hände so gut gewaschen haben. Denk nur mal daran, was du heute schon alles angefasst hast. Und wie viele Menschen die Gegenstände vor dir angefasst haben! Siehst du es schon vor dir?

Vielleicht hast du dir heute schon mit einem Taschentuch die Nase geputzt. Und vielleicht hast du danach ein bisschen im Matsch gespielt. Was du auch getan hast, überall bist du mit Mikroben in Kontakt gekommen.

Darum musst du dir regelmäßig die Hände waschen! Wenn die Mikroben im Abfluss landen, können sie niemanden mehr krank machen.

Wie verbreiten sich Mikroben? Und wie werden wir die Fieslinge unter ihnen wieder los?

UND WIE? Wasch dir die Hände mit warmem Wasser und Seife. Verwendest du nur Wasser, rutschen vielleicht ein paar Mikroben von deinen Händen ab, aber die meisten bleiben, wo sie sind. Nur mit Seife bekommst du sie alle weg. Die Mikroben bleiben nämlich an der Seife haften. Wenn du dir die Seife von den Händen spülst, spülst du die Bakterien gleich mit.

Achte darauf, dass das Wasser nicht zu heiß ist. Wenn du die Temperatur unangenehm findest, wäschst du dir nämlich die Hände nicht lange oder gründlich genug. Am besten wäschst du sie dir mindestens 15–20 Sekunden lang. Das ist ungefähr so lange, wie es dauert, zweimal *Happy Birthday* zu summen.

Seife dir nicht bloß die Handflächen ein, sondern auch die Handgelenke. Und vergiss nicht die Stellen zwischen deinen Fingern und um die Fingernägel herum. Da verstecken sich die Mikroben nämlich besonders gerne.

Hinterher musst du die Hände gut abspülen, damit auch wirklich alle Mikroben weg sind. Und vergiss nicht, sie hinterher mit einem sauberen Handtuch abzutrocknen.

WANN? Wasche deine Hände immer …

nach dem Streicheln und Füttern von Tieren.

nach dem Draußenspielen.

nach dem Besuch bei kranken Freunden oder Verwandten.

nach dem Niesen, Husten und Naseputzen.

nach der Toilette.

vor dem Essen.

4 Was sind Antibiotika?

Mit dem Wort *Antibiotika* bezeichnen wir eine bestimmte Gruppe von Medikamenten. Die verschreibt deine Ärztin oder dein Arzt gegen Krankheiten, die von schädlichen Bakterien verursacht werden. Gegen Viren, Pilze und Parasiten können Antibiotika nichts ausrichten.

Antibiotika funktionieren anders als andere Medikamente. Normalerweise bekämpfen Medikamente eine Krankheit. Das tun Antibiotika eigentlich nicht.

Aber was dann? Die Inhaltsstoffe eines Antibiotikums töten die krank machenden Bakterien in deinem Körper ab. Oder sie sorgen dafür, dass sie sich nicht mehr vermehren können. So gewinnt dein Körper Zeit, um wieder zu Kräften zu kommen und sich selbst gegen die schädlichen Bakterien zu wehren.

Es sind also nicht die Antibiotika, die dich gesund machen. Das macht dein Körper selbst. Antibiotika gehen dir dabei nur zur Hand. Stell dir vor, dein Körper wäre eine Burg. In deinem Blut befinden sich weiße Blutkörperchen: Das sind die Ritter, die deine Burg verteidigen. Und die Antibiotika sind Ritter einer verbündeten Burg, die dir zu Hilfe kommen: Sie verringern die Anzahl der Bösewichte, die deine Burg belagern. So sind deine Ritter schnell wieder in der Überzahl und können die restlichen Angreifer selbst bekämpfen.

BESETZT Kannst du dir jetzt denken, warum manche Leute während der Antibiotika-Einnahme viel Joghurt essen? Die Ritter im Antibiotikum können nämlich auch die guten Bakterien in deinem Darm angreifen. Du weißt schon, die kleinen Verdauungshelfer. Naturjoghurt steckt voller nützlicher Bakterien. Die können dabei helfen, das Gleichgewicht in deinem Darm wieder herzustellen. Denk noch einmal an das Bild von deinem Darm als Parkplatz und den Bakterien als Autos. Die guten Bakterien

Wie verbreiten sich Mikroben? Und wie werden wir die Fieslinge unter ihnen wieder los?

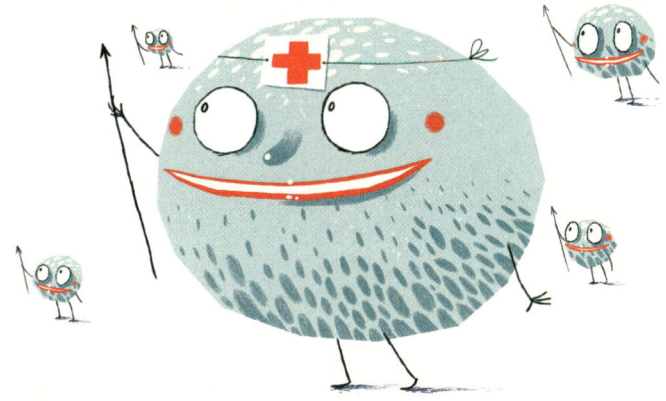

aus dem Joghurt parken einfach alles zu, sodass für die schlechten kein Platz bleibt.

KAMPF DER MIKROBEN Die Stoffe in Antibiotika, die gegen Bakterien wirken, können aus der Natur stammen. Manchmal sind es auch Stoffe, die Forscher*innen in einem Labor hergestellt haben.

In den allerersten Antibiotika steckten nur Stoffe aus der Natur. Und zwar welche aus Mikroorganismen: also von anderen Mikroben. Um böse Mikroben auszuschalten, kommen uns also Stoffe aus guten Mikroben zu Hilfe.

PENIZILLIN Das erste Antibiotikum kam während des Zweiten Weltkriegs auf den Markt: das Penizillin. Der britische Forscher Alexander Fleming hatte den Stoff 1928 durch Zufall entdeckt, als er in seinem Labor Forschungen mit Bakterien und Schimmelpilzen anstellte. Eines Tages ließ er versehentlich eine Bakterienkultur verschimmeln und stellte kurz darauf fest, dass sich die Bakterien in der Nachbarschaft des Schimmelpilzes nicht vermehrt hatten. Offenbar schied der Schimmelpilz einen Stoff aus, der Bakterien tötete. Fleming nannte den Stoff *Penicillin*.

Durch Experimente fand er heraus, dass dieser Stoff viele verschiedene Arten von Bakterien töten kann. Er ahnte schon, dass man daraus ein prima Medikament entwickeln könnte. Das gelang schließlich zwei anderen Forschern, aber erst im Jahr 1940. 1945 erhielten Fleming und die beiden anderen gemeinsam den Nobelpreis für Medizin.

5 Was passiert beim Impfen?

Eine Spritze zu bekommen, findest du wahrscheinlich nicht sehr angenehm. So eine Nadel im Arm kann ja auch ganz schön piksen. Aber dank dieser Spritze bleibst du gesund! Also denk immer dran: Ein kleiner Pikser ist lange nicht so schlimm wie eine ernste Krankheit.

Viele Krankheiten sind heute verschwunden, weil Kinder gegen sie geimpft werden. Aber was bedeutet das eigentlich genau?

ABGESCHWÄCHTE VIREN Bei einer Impfung werden abgeschwächte Viren in unseren Körper eingeschleust. Weil sie so schwach sind, machen sie uns nicht krank. Trotzdem beginnt unser Körper, Abwehrstoffe zu bilden – die sogenannten Antikörper.

Noch einmal zurück zu unserem Bild mit der Burg. Vom Wachturm aus sieht einer unserer Ritter, wie sich ein kleines, schwaches Virus nähert. Dem ist er sowieso überlegen. Aber vielleicht kommen ja noch mehr, denkt sich der Ritter. Stärkere, größere vielleicht. Also trommelt er vorsichtshalber noch mehr Rittersleute zusammen. Gemeinsam erledigen sie das schwache Virus. Und nicht nur das: Sie merken sich, wie das Virus aussieht und wie sie es besiegt haben.

Eines Tages versuchen große, starke Viren, die Burg zu erobern. Doch sie haben nicht den Hauch einer Chance. Deine Ritter sind zahlreich, und sie erkennen das Virus wieder. Dein Körper ist jetzt dagegen *immun*, wie man sagt. Du kannst die Krankheit nicht bekommen. Wenn doch, dann nur in einer sehr milden Form. Das passiert manchmal mit den Windpocken.

Bist du gegen Windpocken geimpft, kannst du sie trotzdem bekommen. Nur ist die Krankheit dann viel weniger schlimm als ohne Impfung. Du bekommst viel weniger Bläschen – und weniger Bläschen bedeuten auch weniger Juckreiz!

Wie verbreiten sich Mikroben? Und wie werden wir die Fieslinge unter ihnen wieder los?

HAB ICH ES DENN JETZT HINTER MIR? Die meisten Impf-Pikser kriegst du, bevor du zwei Jahre alt bist. Danach sind es gar nicht mehr so viele. Also hast du das Schlimmste fast überstanden! Allerdings musst du manche Impfungen ab und zu auffrischen lassen. Mit etwa zwölf Jahren brauchst du eine neue Tetanus-Impfung. Tetanus ist eine bakterielle Erkrankung, die du dir durch eine tiefe Wunde einfangen kannst, zum Beispiel wenn du auf einen rostigen Nagel trittst.

Aber der Pikser tut so weh, denkst du jetzt. Kann schon sein. Manchmal ist die Stelle am Arm nach so einer Impfung sogar ein bisschen rot. Und ganz selten entsteht mal ein Bläschen an der Einstichstelle. Aber meistens geht der Schmerz nach einer Spritze schnell wieder weg.

Auch wenn wir sie lästig finden, dürfen wir nicht vergessen: Ohne die Pikser wären wir noch schlechter dran.

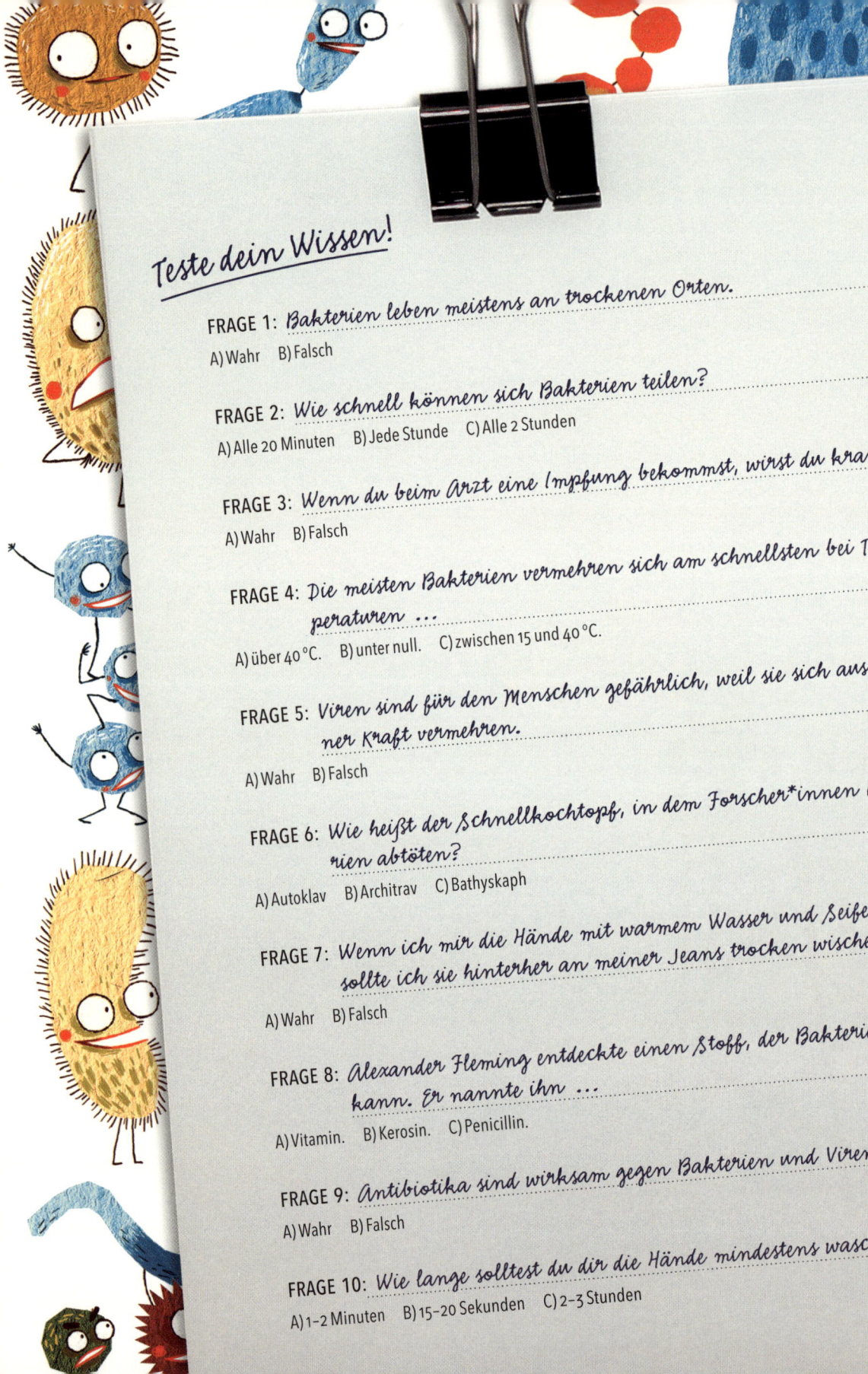

Teste dein Wissen!

FRAGE 1: Bakterien leben meistens an trockenen Orten.

A) Wahr   B) Falsch

FRAGE 2: Wie schnell können sich Bakterien teilen?

A) Alle 20 Minuten   B) Jede Stunde   C) Alle 2 Stunden

FRAGE 3: Wenn du beim Arzt eine Impfung bekommst, wirst du krank.

A) Wahr   B) Falsch

FRAGE 4: Die meisten Bakterien vermehren sich am schnellsten bei Temperaturen …

A) über 40 °C.   B) unter null.   C) zwischen 15 und 40 °C.

FRAGE 5: Viren sind für den Menschen gefährlich, weil sie sich aus eigener Kraft vermehren.

A) Wahr   B) Falsch

FRAGE 6: Wie heißt der Schnellkochtopf, in dem Forscher*innen Bakterien abtöten?

A) Autoklav   B) Architrav   C) Bathyskaph

FRAGE 7: Wenn ich mir die Hände mit warmem Wasser und Seife wasche, sollte ich sie hinterher an meiner Jeans trocken wischen.

A) Wahr   B) Falsch

FRAGE 8: Alexander Fleming entdeckte einen Stoff, der Bakterien töten kann. Er nannte ihn …

A) Vitamin.   B) Kerosin.   C) Penicillin.

FRAGE 9: Antibiotika sind wirksam gegen Bakterien und Viren.

A) Wahr   B) Falsch

FRAGE 10: Wie lange solltest du dir die Hände mindestens waschen?

A) 1–2 Minuten   B) 15–20 Sekunden   C) 2–3 Stunden

Warum kommt die Grippe immer wieder zurück?

1 Wie viele Arten von Grippeviren gibt es?

Das Virus, das die Grippe verursacht, heißt Influenza. Davon gibt es drei Typen: Influenza A, B und C.

Das A-Virus kann dich sehr krank machen. Typ B verursacht eine deutlich mildere Grippe. Eine Ansteckung mit dem C-Virus verläuft meist ganz harmlos.

Alle drei Virustypen sind gleich ansteckend: Sie sind leicht von Mensch zu Mensch übertragbar. In nur wenigen Wochen können sich fünf bis zehn Prozent der Bevölkerung mit der Grippe anstecken. Die gute Nachricht ist, dass die Grippe von selbst wieder ausheilt. Du bekommst vielleicht Muskel- und Kopfschmerzen und meist auch Fieber. Aber nach ein paar Tagen hat dein Körper das Virus besiegt, und du bist wieder putzmunter. So läuft es jedenfalls meistens.

SPANISCHE GRIPPE Im Jahr 1918 war das anders. Da ging eine besonders fiese Grippe in Europa um. Sie forderte fast genauso viele Todesopfer wie der Erste Weltkrieg, der in dem Jahr noch wütete. Nach dem Krieg breitete sich das Virus auf der ganzen Welt aus. Zwischen zwanzig und vierzig Millionen Menschen weltweit fielen ihm zum Opfer – mehr als die Einwohner Belgiens und der Niederlande zusammen!

Die Grippe wurde Spanische Grippe genannt, obwohl sie eigentlich aus den Vereinigten Staaten kam. Ausgebrochen war sie unter amerikanischen Soldaten, die sie mitbrachten, als sie zum Kämpfen nach Europa kamen. Bald steckten sich auch viele Soldaten anderer Länder mit der Grippe an. Darunter auch die des Kriegsgegners: die Deutschen.

Als immer mehr Soldaten daran starben, schlugen spanische Zeitungen Alarm. Spanien war am Krieg nicht beteiligt, und so konnten spanische Zeitungen frei über das Thema berichten. Die Amerikaner und die Deutschen konnten das nicht. Der Feind sollte schließlich nicht in ihren Zeitungen lesen können, dass eine Krankheit ihre Soldaten dahinraffte. Und so bekam die Krankheit den Namen Spanische Grippe.

Die Spanische Grippe begann wie eine normale Grippe. Die Kranken litten unter Fieber, Muskelschmerzen und Halsschmerzen. Dann wurden sie sehr müde. So müde, dass sie keine Kraft zum Essen und Trinken mehr hatten. Bald fiel ihnen auch das Atmen immer schwerer. Ein paar Tage später waren sie tot.

Der Erste Weltkrieg endete im November 1918. Soldaten aus verschiedenen Ländern kehrten zurück nach Hause und nahmen das Virus mit. Innerhalb kürzester Zeit eroberte die Spanische Grippe so die ganze Welt.

ASIATISCHE GRIPPE Eine andere Art Grippe, die sich über die ganze Welt ausbreitete, war die Asiatische Grippe im Jahr 1957. Diese Grippe kostete mindestens einer Million Menschen das Leben.

1968 grassierte die Hongkong-Grippe. Auch ihr fiel etwa eine Million Menschen zum Opfer.

Die Spanische, die Asiatische und die Hongkong-Grippe waren sehr ungewöhnliche Krankheiten. Sie alle wurden von völlig neuartigen, besonders gefährlichen Grippeviren verursacht. Und warum war die Spanische Grippe die tödlichste von allen? Bis heute ist die Wissenschaft noch nicht dahintergekommen.

2   Wie holt man sich die Grippe?

Dein ganzer Körper tut weh. Du hast Fieber, musst ständig husten und niesen. Vielleicht hast du auch noch Ohren- und Halsschmerzen. Du ahnst es schon: Dich hat die Grippe erwischt. Soll heißen: Ein Grippevirus hat dich angesteckt. Aber wie ist es dazu gekommen?

Wahrscheinlich hast du dir das Virus über den Schnodder von jemand anders eingefangen. Bäh! Klingt eklig, was? Aber so läuft es nun mal.

FLIEGENDER SCHNODDER Jemand mit Grippe muss ziemlich oft husten und niesen. Dabei fliegen winzig kleine Tröpfchen durchs Zimmer. Und zwar rasend schnell. So schnell, wie man einen Tennisball übers Netz jagt. Du siehst sie zwar nicht und spürst sie vielleicht auch nicht. Aber die Tröpfchen stecken voller Viren!

Ohne es zu merken, atmest du ein paar dieser Tröpfchen ein. Oder vielleicht landen sie auf deiner Hand, und kurz darauf greifst du dir damit an die Nase oder ins Gesicht. Und schon hast du dir die Grippe eingefangen!

Und etwas später machst du eine Tür auf. Die Viren befinden sich jetzt auf der Türklinke. Nach dir öffnet jemand anders die Tür. Jetzt hat er das Virus an der Hand. Und so wandert das Grippevirus von Mensch zu Mensch.

Also unbedingt regelmäßig Hände waschen! Und beim Niesen und Husten immer ein Taschentuch benutzen. So fängst du die Viren ein und gibst sie nicht weiter.

DAS THERMOMETER STEIGT Die Viren haben dich erwischt? Dann bekommst du bald Fieber. Und das ist gut! So zeigt dir dein Körper, dass du krank bist. Ohne Fieber würdest du vielleicht nicht merken, dass du dich angesteckt hast. Außerdem kämpft dein Körper mit dem Fieber gegen die Viren an – die stehen nämlich nicht so auf Wärme.

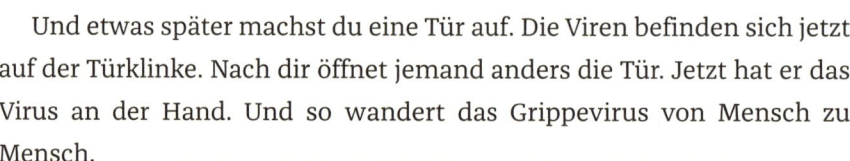

Darum dreht dein Gehirn ab dem Moment, wenn das Virus in deinen Körper eindringt, die Temperatur etwas höher. Auf 38 oder 39 °C statt wie sonst 37. Dein Körper erzeugt jetzt mehr Wärme. Aber du bekommst erst mal Schüttelfrost. Erst wenn dein Körper die neue Temperatur von 38–39 °C erreicht hat, verschwindet das Kältegefühl wieder.

Hat dein Körper die Grippe erst einmal im Griff, dreht das Gehirn die Temperatur wieder runter. Jetzt hast du keinen Schüttelfrost mehr. Im Gegenteil, du musst die überschüssige Wärme loswerden: Das Schwitzen geht los.

Eine Grippe geht meistens von selbst vorbei. Nach ein bis zwei Wochen fühlst du dich wieder besser. Oft musst du gar keine besonderen Medikamente einnehmen. Viel Ruhe und viel Trinken reichen meist aus.

Bei Babys und älteren Menschen jedoch kann eine Grippe viel schwerer verlaufen. Die Grippeimpfung sorgt dafür, dass sie nicht krank werden oder nur eine milde Form der Grippe bekommen. Um ihrem Körper Zeit zu geben, Antikörper zu bilden, müssen sie die Impfung rechtzeitig bekommen. Jedes Jahr meldet sich die Grippe gegen Ende des Herbstes zurück. Darum steht die Grippeimpfung meist im Oktober oder November an.

3 Und was ist die Magen-Darm-Grippe?

Du hast Bauchkrämpfe. Du fühlst dich ganz elend. Du musst dich übergeben. Oder du hast Durchfall. Und Mama sagt: »Du hast Magen-Darm.«

Eigentlich ist die Magen-Darm-Grippe gar keine Grippe. Sie wird zwar auch von einem Virus verursacht, aber das ist kein Grippevirus. Was wir manchmal Magen-Darm-Grippe oder Bauchgrippe nennen, ist eigentlich eine Magen-Darm-Entzündung.

Viele Arten von Viren können solche Entzündungen hervorrufen. Die fiesesten kommen aus der Gruppe der Rotaviren. Sie treten weltweit bei ganz jungen Kindern zwischen sechs Monaten und zwei Jahren auf, in manchen ärmeren Ländern auch bei Erwachsenen. Fast zwei Millionen Kinder sterben jährlich an einer Rotavirus-Infektion. Seit 2006 gibt es eine Impfung gegen das Rotavirus.

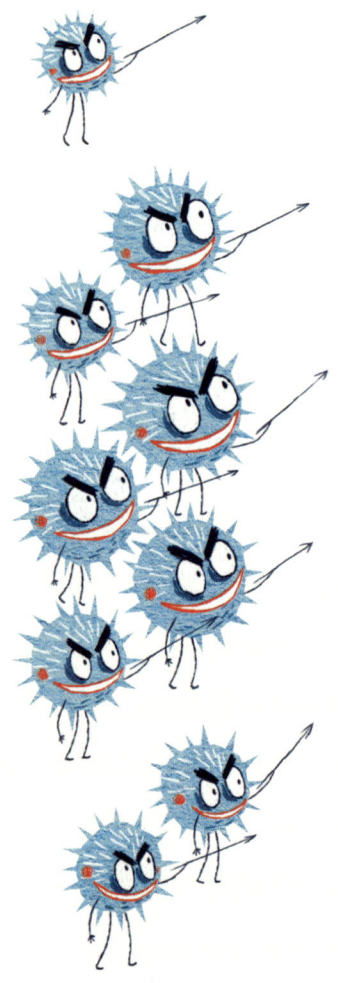

TRICK DER NATUR Erwachsene leiden selten an Magen-Darm-Infektionen. Die meisten Kinder aber bekommen jedes Jahr wieder eine. Das ist so ein Trick der Natur. Dein Körper lernt auf diese Weise, Krankheiten zu erkennen und abzuwehren.

Medikamente gegen Magen-Darm-Entzündung gibt es nicht. Zwar gibt es Mittel gegen Durchfall, aber die bekämpfen nicht die Krankheit. Das muss dein Körper ganz alleine erledigen. Meistens fühlst du dich zwar ein paar Tage richtig schlapp, aber bald geht es dir wieder besser.

Bei Magen-Darm-Grippe musst du dich viel ausruhen. Wenn du dich übergeben musst, solltest du besser keine feste Nahrung zu dir nehmen. Und bei Durchfall erst recht nicht. In beiden Fällen musst du viel Wasser trinken. Tee, Cola, Fruchtsäfte und Joghurtdrinks sind auch erlaubt. Bei Durchfall und Erbrechen verliert der Körper nämlich viel Flüssigkeit.

Wenn du nicht mehr brechen musst, kannst du Brühe oder Suppe trinken. Wenn das gut geht, kannst du ein Stück Zwieback oder eine Banane probieren. Aber iss kein rohes Gemüse und keine Kartoffeln, das verkraftet dein Darm noch nicht. Reis ist aber in Ordnung. So unterstützt du deine Verdauung, damit sie bald wieder normal arbeiten kann. Und dann kannst du auch wieder normal essen.

SCHMUTZIGE HÄNDE So ein Brechdurchfall ist ganz schön ansteckend. Wer erkrankt ist, kann die Viren leicht an andere weitergeben. Gerade an Orten, wo viele Menschen sind, wie etwa Schulen, verbreitet sich das Virus rasend schnell. Es steckt in den Ausscheidungen infizierter Menschen. Manchmal bleiben Reste davon an den Händen oder an Gegenständen haften. Du kannst dich beim Händeschütteln, an Türklinken oder an Spielzeug anstecken.

Ein Grund mehr, sich unbedingt die Hände zu waschen, wenn man auf der Toilette gewesen ist. Tust du das nicht, musst du vielleicht bald ein paar Tage auf dem Klo verbringen – also lieber kein Risiko eingehen!

4 Ist eine Erkältung auch eine Grippe?

Wahrscheinlich haben dich deine Eltern schon mal gewarnt, dass du dir eine Erkältung holst, wenn du nach dem Schwimmen mit nassen Haaren durch den Wind läufst. Aber das stimmt nicht. Eine Erkältung bekommt man nicht durch Kälte. Eine Erkältung ist eine Viruserkrankung. Sie befällt deinen Hals, deine Nase und deine Ohren. Genau wie die Grippe. Eine Erkältung ist praktisch wie eine sehr milde Grippe.

Viele unterschiedliche Virenarten können Erkältungen auslösen – über zweihundert! Und weil es so viele sind, kann man sich gegen Erkältung auch nicht impfen lassen.

RAUMSCHIFF Die meisten Kinder haben zwei bis drei Mal im Jahr eine Erkältung. Und woher kommt sie? Es ist genau wie bei der Grippe. Die Viren stecken in den Spucke- und Schleimtröpfchen, die durch den Raum fliegen, wenn jemand mit Erkältung hustet oder niest. Und du atmest dann die Viren ein. Vielleicht landen sie auch auf der Schulbank. Oder auf einer Türklinke oder einer Videokonsole. Du fasst die Gegenstände an, berührst dann vielleicht deine Nase – und schon ist das Virus am Ziel. Wie ein Raumschiff, das auf dem Mond landet. Einmal in deiner Nase beginnt es sofort, sich zu vermehren. Zwei Tage später bist du erkältet.

Gegen Erkältung gibt es keine Medizin. Die braucht es auch nicht. Dein Körper selbst ist die beste Medizin. Gelangt das Virus in deine Nase, tritt deine körpereigene Abwehr in Aktion: Antikörper werden gebildet. Weißt du noch? Die Ritter, die deine Burg verteidigen? Sie nehmen es mit dem Virus auf.

NIESEN Aber dein Körper kann noch mehr: Er lässt deine Nase laufen und sorgt dafür, dass du oft niesen musst. So kommen die Viren nicht weiter als in deine Nase oder deinen Hals und gelangen nicht in andere Teile deines Körpers. Eine Erkältung ist also nichts anderes als der Versuch deines Körpers, die Viren wieder loszuwerden. Beim Niesen fliegen sie raus, und auch wenn dir die Nase läuft, strömen sie mit dem ganzen Schnodder nach draußen.

Deine Erkältung dauert meist fünf bis sieben Tage. Während dieser Zeit musst du dich ausruhen. Vor allem musst du Aufregung vermeiden. Lies ein Buch. Das hier zum Beispiel. Hör Musik oder guck einen schönen Film. Gegen die Halsschmerzen helfen warme Getränke: Tee mit Honig oder eine warme Brühe. Und ansonsten: Nase schnäuzen! Das ist die beste Art, die Viren aus deiner Nase zu bekommen. Aber natürlich nur mit Taschentuch! Auch beim Niesen solltest du am besten ein Taschentuch gebrauchen. Oder dir die Hand vor Mund und Nase halten und sie direkt danach gründlich waschen. Am besten niest du gleich in die Armbeuge. Tust du das nicht, bekommt nämlich jemand anders deine Erkältung. Und das ist ja auch nicht schön.

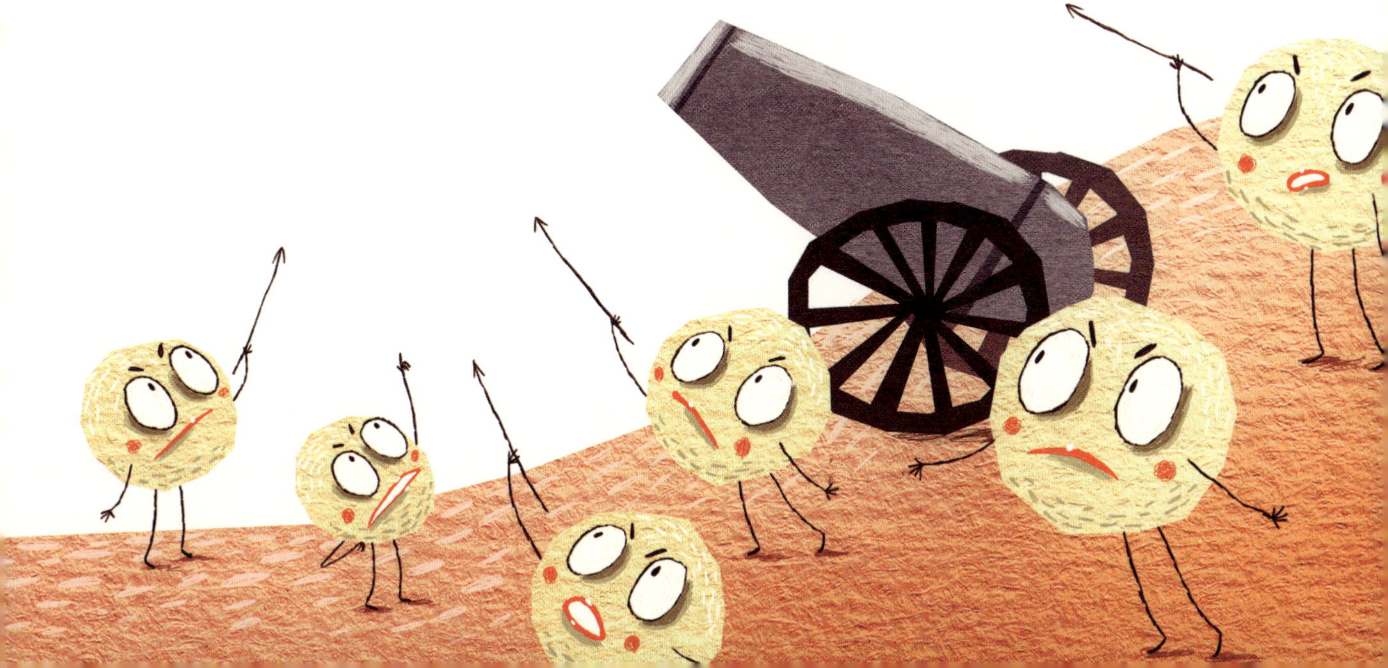

5 Können sich Menschen mit der Vogelgrippe anstecken?

Von der Vogelgrippe hast du bestimmt in den Nachrichten schon mal gehört. Es ist eine Grippe, die Vögel krank macht. Daher auch der Name. Es ist eine ganz andere Grippe als die, die Menschen bekommen. Sie wird von dem Influenzavirus H5N1 verursacht.

Es gibt verschiedene Varianten von diesem Virus. Die stärksten können in wenigen Tagen einen ganzen Hühnerstall dahinraffen. Von anderen Varianten werden die Vögel nur krank.

VON VOGEL ZU VOGEL Bisher wurde die Vogelgrippe von Vogel zu Vogel übertragen. In einigen wenigen Fällen ist sie auch von einem Vogel auf einen Menschen übergegangen. Eine Ansteckung von Mensch zu Mensch gibt es aber beim Vogelgrippevirus nicht. Menschen können sich nur bei einem Vogel anstecken.

Es sind meist Vögel in Asien, die krank werden. Dort haben sich auch einzelne Menschen, die Vögel halten, wie zum Beispiel Hühnerbauern, mit dem Virus angesteckt. Aber bisher ist das nur in Asien vorgekommen, bei uns in Europa noch nicht.

Aber das Virus breitet sich aus. Auch in anderen Teilen der Welt haben sich Vögel damit infiziert. Wie das geht? Du hast bestimmt schon von Zugvögeln gehört. Das sind Vögel, die im Herbst zum Überwintern in südliche Länder fliegen. Im Frühling kehren sie dann Richtung Norden zurück. Wenn ein Vogel sich in einem betroffenen Gebiet das Virus einfängt, bringt er es mit nach Hause. Unterwegs kann er in verschiedenen Ländern das Virus an andere Vögel weitergeben. Zugvögel legen manchmal sehr weite Strecken zurück, sind oft wochenlang unterwegs und müssen regelmäßig Pause machen. Angenommen, ein infizierter Zugvogel ruht sich kurz auf dem Zaun eines Bauernhofs aus. Und da wohnen Hühner. Im Nu haben auch die sich mit dem Virus angesteckt. Und so wandert das Virus von Vogel zu Vogel weiter.

STALLPFLICHT Darum muss verhindert werden, dass Hühner mit infizierten Zugvögeln in Kontakt kommen. Bei Seuchengefahr gilt die sogenannte Stallpflicht: Die Hühner dürfen nicht frei draußen herumlaufen. Wenn doch Hühner sterben, darf der Besitzer sie nicht anfassen, jedenfalls nicht ohne Gummihandschuhe. Tote und kranke Tiere werden entsorgt, damit das Virus sich nicht weiter ausbreiten kann.

Hast du einen Kanarienvogel oder einen Wellensittich zu Hause? Oder einen anderen Vogel? Dann muss der Käfig immer drinnen stehen, damit andere Vögel ihm nicht zu nah kommen. Den Käfig musst du immer schön sauber halten. Und wasch dir unbedingt die Hände, wenn du deinen Vogel gestreichelt hast. Händewaschen ist immer die beste Methode, um sich vor Krankheiten zu schützen.

Plant ihr eine Reise in ein Land, in dem die Vogelgrippe grassiert? Halt dich dann unbedingt von Hühnern, Enten, Gänsen, Tauben, Truthühnern und wilden Vögeln fern. Und spaziere auch nicht über einen Bauernhof oder einen Vogelmarkt.

PULVER In den meisten Ländern ist die Gefahr, an Vogelgrippe zu erkranken, sehr klein. Auch in Asien stecken sich äußerst selten Menschen damit an. Was man aus dem Fernsehen oder aus der Zeitung mitbekommt, sind natürlich nur die schlimmen Fälle. Mach dir also nicht zu viele Sorgen.

Und zu deiner Beruhigung noch diese gute Nachricht: 2014 entwickelte ein niederländisches Forschungsteam ein Impfpulver, das man über Hühner und andere Vögel streuen kann, damit sie nicht krank werden.

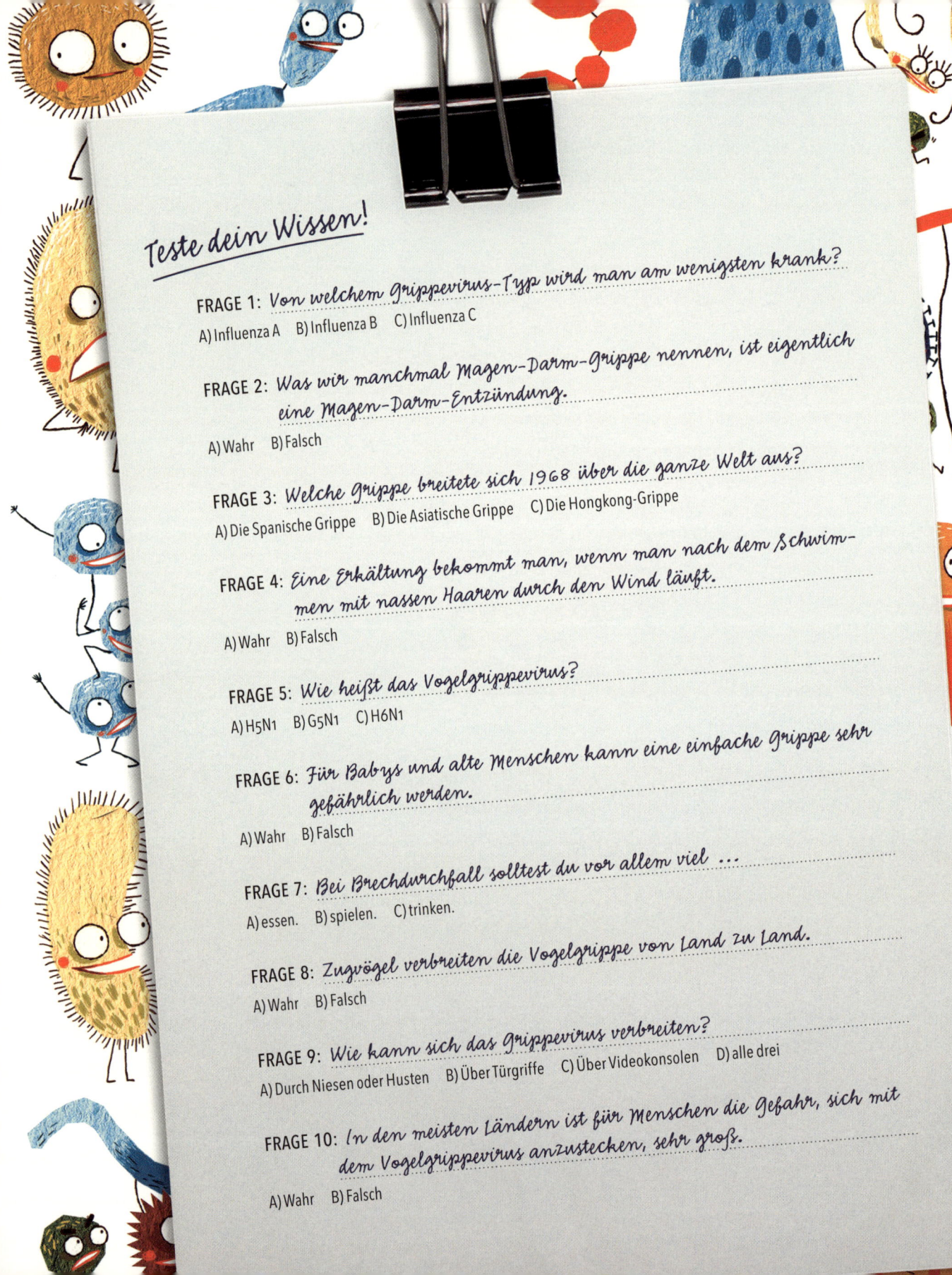

Teste dein Wissen!

FRAGE 1: Von welchem Grippevirus-Typ wird man am wenigsten krank?

A) Influenza A   B) Influenza B   C) Influenza C

FRAGE 2: Was wir manchmal Magen-Darm-Grippe nennen, ist eigentlich eine Magen-Darm-Entzündung.

A) Wahr   B) Falsch

FRAGE 3: Welche Grippe breitete sich 1968 über die ganze Welt aus?

A) Die Spanische Grippe   B) Die Asiatische Grippe   C) Die Hongkong-Grippe

FRAGE 4: Eine Erkältung bekommt man, wenn man nach dem Schwimmen mit nassen Haaren durch den Wind läuft.

A) Wahr   B) Falsch

FRAGE 5: Wie heißt das Vogelgrippevirus?

A) H5N1   B) G5N1   C) H6N1

FRAGE 6: Für Babys und alte Menschen kann eine einfache Grippe sehr gefährlich werden.

A) Wahr   B) Falsch

FRAGE 7: Bei Brechdurchfall solltest du vor allem viel ...

A) essen.   B) spielen.   C) trinken.

FRAGE 8: Zugvögel verbreiten die Vogelgrippe von Land zu Land.

A) Wahr   B) Falsch

FRAGE 9: Wie kann sich das Grippevirus verbreiten?

A) Durch Niesen oder Husten   B) Über Türgriffe   C) Über Videokonsolen   D) alle drei

FRAGE 10: In den meisten Ländern ist für Menschen die Gefahr, sich mit dem Vogelgrippevirus anzustecken, sehr groß.

A) Wahr   B) Falsch

Welche Mikroben sind echte Killer?

1 Was ist die Pest?

Die meisten Mikroben sind unschädlich oder sogar nützlich. Aber die Natur hat uns auch ein paar richtige Monster aufgebrummt. Mikroben, von denen wir uns übergeben müssen, die uns eiternde Wunden oder Blutungen bescheren. Winzige Lebensformen, die uns furchtbar krank machen. Manchmal so krank, dass wir daran sterben.

Im Mittelalter trieb eine besonders mörderische Mikrobe ihr Unwesen: der Pestbazillus. In nur wenigen Jahren, zwischen 1347 und 1351, starben weltweit gut 75 Millionen Menschen am *Schwarzen Tod*.

Die Pest entstand in Asien. In Europa tauchte sie erstmals in Italien auf und verbreitete sich anschließend über Nordafrika, Spanien, Frankreich und die Schweiz. Von dort breitete sie sich weiter Richtung Osten aus, nach Ungarn. Kurz schien sie verschwunden, doch ein Jahr später tauchte sie in England und Schottland auf. Von da gelangte sie auch nach Norwegen und Schweden und schließlich nach Russland.

STRAFE GOTTES Schätzungen zufolge raffte die Pest etwa ein Drittel der europäischen Bevölkerung dahin. Im Mittelalter wussten die Menschen noch nicht, woher die Seuche kam. Sie glaubten erst, sie sei eine Strafe von Gott.

Aber es starben ja nicht nur Ungläubige an der Pest, auch die ganz frommen Menschen fielen ihr zum Opfer. Da kamen Zweifel auf an der alten Erklärung. Als Nächstes gab man den Juden die Schuld: Angeblich hätten sie die Brunnen vergiftet. Tatsächlich erkrankten die Juden weniger schnell an der Pest. Das lag daran, dass sie viel hygienischer lebten als der Rest der Bevölkerung. Sie hielten ihre Häuser und vor allem ihre Küchen sauberer. Und sie wuschen sich häufiger.

In Wahrheit waren Bakterien für die Pest verantwortlich. Die landeten über verseuchte Rattenflöhe beim Menschen. Der Floh saugt verseuchtes Blut aus der Ratte, beißt danach einen Menschen und überträgt so die

Bakterien. Die Krankheit trat in zwei Formen auf: als Beulenpest oder als Lungenpest.

BEULENPEST Bei der Beulenpest verursachten die Bakterien schmerzhafte Schwellungen in den Achselhöhlen, am Hals und in der Leistengegend. Die Beulen konnten orangengroß werden. Manchmal platzten sie auf, und es traten Eiter und Blut aus der Wunde. Es gab auch innere Blutungen, und das Blut gerann unter der Haut. Dadurch sah die Haut fast schwarz aus. So bekam die Krankheit den Namen *Schwarzer Tod*. Wer an der Beulenpest erkrankte, war meist nach einer Woche tot.

LUNGENPEST In manchen Fällen griff der Pestbazillus auch die Lunge an. Lungenpestkranke schwitzten stark und erbrachen Blut. Die Lunge füllte sich mit Blut. Fast niemand überlebte die Krankheit.

Der Pestbazillus ist die tödlichste Mikrobe, die wir bisher kennen. Den Pesterreger gibt es zwar noch, aber dank Antibiotika haben wir ihn zum Glück gut in den Griff bekommen.

2 Wie steckt man sich mit Malaria an?

Jedes Jahr erkranken zwischen dreihundert und fünfhundert Millionen Menschen an Malaria. Über eine Million von ihnen stirbt daran!

Malaria kommt vor allem in warmen und feuchten Ländern vor, die meisten Erkrankungen gibt es in Afrika und Südamerika. Aber auch bei uns gibt es Malariafälle. Etwa fünf- bis sechshundert Deutsche stecken sich jedes Jahr in einem warmen Land an und bringen die Krankheit mit nach Hause. Manche sterben auch daran.

TAXI Die Mikrobe, die Malaria verursacht, ist ein Parasit. Parasiten können nur in einem Wirt überleben. In diesem Fall ist das der Mensch. Aber in einen Menschen einzudringen, ist gar nicht so einfach. Darum nimmt der Malariaparasit ein Taxi: eine Mücke. Wenn die einen Menschen sticht, schlüpft er einfach mit hinein. So kann er sich schnell von Mensch zu Mensch verbreiten. Jede Mücke, die einen infizierten Menschen sticht, nimmt den Parasiten mit zum nächsten Menschen, den sie sticht.

Ist er erst mal in den menschlichen Körper gelangt, nistet sich der Parasit in der Leber ein, wo er sich still und heimlich vermehrt. Nach einer Woche sind sie schon zu Tausenden! Die kleine Armee strömt in den Blutkreislauf des Infizierten und zerstört die roten Blutkörperchen. Ein paar Tage später bricht die Krankheit aus.

Wer an Malaria erkrankt, bekommt Schüttelfrost und Fieber. Die Symptome ähneln denen der Grippe. Oft kommen Kopf- und Gliederschmerzen, manchmal auch Erbrechen und Durchfall hinzu. Aber mit den richtigen Medikamenten können Kranke innerhalb von zwei Wochen wieder gesund werden. Ohne Medikamente kann die Krankheit tödlich enden.

MOSKITONETZ Auf Reisen in Gebiete mit Malariarisiko musst du dich gut schützen. Jede Mücke, die dich sticht, kann den Malariaparasiten mit an Bord haben. Halt dir die Biester also lieber vom Leib. Wenn du dich gut mit Mückenschutz einschmierst, bleiben sie auf Abstand. Trotzdem solltest du unter einem Moskitonetz schlafen. Abends und nachts sind die Mücken besonders aktiv. Ab Einbruch der Dämmerung solltest du daher auch am besten etwas anziehen, was den ganzen Körper bedeckt.

Trotz aller Vorkehrungen kann es passieren, dass du doch gestochen wirst. Darum ist es wichtig, noch vor der Abreise mit der Einnahme eines Malariamedikaments zu beginnen.

Reisende, die an Malaria sterben, haben diese Medikamente oft nicht eingenommen. Manchmal haben sie die ersten Anzeichen der Krankheit nicht erkannt. Vielleicht dachten sie auch, dass es nur eine harmlose Grippe ist. Die Behandlung kommt dann zu spät.

In Ländern, in denen Malaria verbreitet ist, bekommen Menschen die Krankheit manchmal mehrmals hintereinander. Oft können sie sich in der Zwischenzeit nicht richtig erholen. Vor allem Kinder in den ärmsten Ländern, die wegen Mangelernährung schon geschwächt sind, haben ein hohes Risiko, an Malaria zu sterben.

3 Was sind die fiesesten Viren?

Eine der gefährlichsten Mikroben der Welt ist das Ebolavirus. Der Erreger gehört zu einer Gruppe Viren, die innere Blutungen verursachen. Bei den Kranken strömt Blut durch alle Körperöffnungen nach draußen. Aus dem Mund, der Nase, ja sogar aus den Augen!

Nur einer von zehn Menschen, die sich mit Ebola anstecken, überlebt die Krankheit. Das heißt, dass neun der Infizierten sterben. Damit ist der Ebolaerreger eine der tödlichsten Mikroben, die wir kennen. Ebola gilt als unheilbar, wir haben noch kein Medikament dagegen. Das Virus tauchte 1976 im Sudan zum ersten Mal auf. Seit Anfang des 21. Jahrhunderts ist es im Kongo mehrmals ausgebrochen. Dort starben im Sommer 2019 über 1500 Menschen an dem Virus.

SEILSTÜCK Das Ebolavirus ist ein fadenförmiges Virus. Unter dem Mikroskop sieht es aus wie ein dünnes Seil.

Es nistet sich in der menschlichen Leber ein und befällt von dort aus andere Organe. Die Viren verursachen kleine Risse. Durch diese Risse tritt das Blut aus den Blutgefäßen aus und strömt in den Körper. Die Kranken bekommen erst Fieber, schwere Kopfschmerzen und stechende Schmerzen im ganzen Körper und versterben zwei bis drei Tage später.

ZU GAST BEI FLEDERMÄUSEN Das Ebolavirus bricht alle paar Jahre wieder aus. Wo bleibt es in der Zwischenzeit? Da ist sich die Wissenschaft noch nicht einig. Manche Fachleute glauben, dass es in Menschenaffen überlebt. Andere meinen, es hält sich bis zum nächsten Ausbruch in Fledermäusen verborgen. In Studien wurde gezeigt, dass manche Fledermausarten Antikörper gegen das Ebolavirus in sich tragen. Dringt das Virus in ihren Körper, werden sie nicht krank. Es kann also sein, dass Fledermäuse ein natürlicher Wirt für den Ebolaerreger sind. Aber sicher ist das noch nicht.

UNHEILBAR Bis heute gilt Ebola als unheilbar – die Forschung ist immer noch auf der Suche nach einem wirksamen Medikament. Menschen, die die Krankheit überlebt haben, sind noch nie ein zweites Mal erkrankt. Vielleicht kann der Körper sich also mit der Zeit selbst vor dem Virus zu schützen lernen wie etwa bei der normalen Grippe. Aber auch das ist noch lange nicht sicher.

Ebola-Ausbrüche sind zwar selten, aber wir können trotzdem froh sein, wenn wir dieser Mikrobe nie begegnen. Sie ist wirklich hundsgemein.

HIV Zu den allerfiesesten Viren zählt auch das HI-Virus (HIV), das die Krankheit Aids verursacht. Die Krankheit brach erstmals 1985 aus und ist heute auf der ganzen Welt verbreitet. Über zwanzig Millionen Menschen sind schon daran gestorben. Aktuell sind über dreißig Millionen Menschen weltweit mit dem HI-Virus infiziert. Die Zahl der Toten wird in den kommenden Jahren noch zunehmen.

DIE RITTER Es ist nicht das HI-Virus selbst, das Menschen tötet. Dieses Virus wendet einen besonders fiesen Trick an. Es nistet sich im Körper ein und attackiert dort das *Immunsystem*. Das ist das Abwehrsystem, mit dem der Körper gegen Eindringlinge ankämpft.

Gelangen Krankheitserreger in deinen Körper, bildet er normalerweise Antikörper, um sie unschädlich zu machen. Du weißt schon: die Ritter (Abwehrstoffe), die die Burg (deinen Körper) verteidigen.

Tja, und das HI-Virus setzt die Ritter einfach außer Gefecht. Wenn zu wenige Ritter übrig bleiben, haben andere Angreifer es leicht, in die Burg einzudringen. Das HI-Virus macht das Tor zur Burg weit auf. Wer sich damit ansteckt, kann sich also nicht mehr richtig gegen andere krank machende Mikroben wehren.

HIV-Patient*innen sind also anfälliger für die verschiedensten Krankheitserreger. Oft sterben sie an Lungenerkrankungen, Hautentzündungen oder anderen Krankheiten.

Das HI-Virus zerstört das Immunsystem der Patient*innen ganz langsam. Es bringt nicht alle Rittersleute auf einmal um. Der Kampf kann Jahre dauern. Wer sich mit dem HI-Virus ansteckt, wird darum nicht sofort krank. Bis zum Ausbruch der Krankheit Aids können Jahre vergehen.

TEURE HOFFNUNG Heute gibt es Medikamente, um das HI-Virus zu bekämpfen. Sie können Aids zwar nicht heilen, aber die Krankheit gut eindämmen. Wer mit HIV infiziert ist, muss diese Medikamente täglich einnehmen, ein Leben lang. Leider sind die Medikamente sehr teuer. In ärmeren Teilen der Welt wie in manchen Ländern Afrikas können Menschen sie oft nicht bezahlen. Nun verbreitet sich das HI-Virus ausgerechnet in Afrika besonders schnell. Deshalb wird die gefürchtete Krankheit gerade auf diesem Kontinent in den nächsten Jahren die meisten Menschenleben fordern.

4 Was wissen wir über Corona?

Corona bedeutet auf Latein Kranz oder Krone. Unter dem Mikroskop erinnern die Ausstülpungen auf der Hülle des Coronavirus nämlich an eine Krone. Ein Coronavirus verursachte 2002 die Lungenerkrankung SARS – die Abkürzung steht für die englische Bezeichnung *Severe Acute Respiratory Syndrome* (Schweres Akutes Atemwegssyndrom). Fast achthundert Menschen starben daran, vor allem in China. Es war das erste Mal, dass sich Menschen mit einem tödlichen Coronavirus ansteckten.

CORONA UND COVID-19 Im Dezember 2019 tauchte in China das neuartige Coronavirus SARS-CoV-2 auf, das sich seit Anfang 2020 auf der ganzen Welt ausbreitet. Weltweit haben sich im Laufe des Jahres 2020 rund 50 Millionen Menschen mit dem Virus infiziert, und mehr als eine Million Erkrank-

te sind gestorben. Infizierte klagen über Husten, Fieber, Schnupfen, Hals-schmerzen, Muskel-schmerzen und manchmal Atembeschwerden. Die Symptome ähneln denen einer normalen Grippe. Manche der Kranken bekommen eine Lungenentzündung und sterben. Fachleute gaben dieser neuen Krankheit den Namen COVID-19 (die Abkürzung für *Coronavirus Disease 2019*).

DER MARKT VON WUHAN Die ersten COVID-19-Kranken hatten alle den Tiermarkt in Wuhan besucht. Wuhan ist eine chinesische Stadt mit über zehn Millionen Einwohnern, das sind fast genauso viele Menschen, wie in ganz Belgien leben. Es könnte daher sein, dass das neuartige Coronavirus erstmals auf dem Markt von Wuhan von einem Tier auf den Menschen überging, zum Beispiel einer Fledermaus oder einer Art Schlange. Sicher weiß man das aber nicht.

PANDEMIE Ende Januar 2020 hatten sich in China schon über 10 000 Menschen mit dem Coronavirus angesteckt. Einen Monat später erreichte das Virus andere asiatische Länder und Europa. Und wieder einen Monat später hatten sich schon über 500 000 Menschen in 135 Ländern mit dem neuen Coronavirus angesteckt, über 20 000 Menschen waren daran gestorben. Corona hatte sich von einer Epidemie zu einer Pandemie ausgeweitet. Von einer Pandemie sprechen Fachleute, wenn eine ansteckende Krankheit fast auf der ganzen Welt grassiert.

ABSTAND HALTEN Wie steckt man sich mit Corona an? Genau wie mit einer Grippe oder Erkältung. Also durch herumfliegende Tröpfchen, wenn jemand hustet oder niest. Manchmal auch durch winzige virushaltige Schwebeteilchen in der Luft, Aerosole genannt, die auch beim Sprechen oder Singen abgegeben werden können.

Gerade in Zeiten von Corona ist es besonders wichtig, die Regeln zum Schutz vor Infektionen zu beachten. Wenn du husten oder niesen musst, dann bitte in den Ellenbogen. Gebrauche zum Naseputzen ein Papiertaschentuch und wirf es anschließend weg. Wasche dir oft und gründlich die Hände. Fass dir möglichst nicht ins Gesicht. Gib anderen nicht die Hand. Und halte mindestens anderthalb Meter Abstand von anderen Menschen. An Orten, wo das nur schwer geht, solltest du einen Mund-Nasen-Schutz tragen.

ACHTGEBEN AUF OMA UND OPA Wenn man sich mit dem Virus ansteckt, dauert es um die fünf Tage bis zur Erkrankung. Manche Menschen erkranken sogar erst nach zwei Wochen. Andere werden gar nicht krank. Während sie sich die ganze Zeit topfit fühlen, stecken sie trotzdem andere an. Kinder zum Beispiel haben oft fast gar keine Symptome. Aber manche Menschen – vor allem, aber nicht nur Ältere – können durch das Virus schwer krank werden und an COVID-19 sterben. Wer das Virus hat, steckt ohne Schutzmaßnahmen im Durchschnitt zwei bis drei weitere Menschen an. Die stecken dann wieder jeweils zwei oder drei andere an. Und so geht das weiter. Wenn wir uns nicht an die Vorsichtsmaßnahmen halten, würden sich immer mehr und mehr Menschen anstecken.

ES IST ERNST! Es gibt noch keine Impfung gegen Corona. Darum ist es wichtig, dass sich so wenige Menschen wie möglich mit dem Virus anstecken. Erkranken zu viele Menschen gleichzeitig, werden unsere Krankenhäuser überlastet und können sich nicht mehr um alle schweren Fälle gleichzeitig kümmern. Darum wurden im März 2020, sobald sich die Corona-Pandemie über Asien hinaus ausgebreitet hatte, in Deutschland und vielen anderen Ländern Maßnahmen getroffen, um den Kontakt zwischen Menschen so weit wie möglich einzuschränken. *Wir bleiben zu Hause*, lautete das Motto. Wie bei Hühnern während der Vogelgrippe galt in vielen Ländern ein sogenannter *Lockdown*, also eine Art Stallpflicht für Menschen: Zum Schutz vor Ansteckung wurden Ausgangssperren verhängt, und das öffentliche Leben wurde stark eingeschränkt.

HAUPTSACHE KLOPAPIER! Bei einer Pandemie geraten die Menschen erst mal in Panik. Sie haben Angst, dass die Geschäfte zumachen und Lebensmittel knapp werden. Am Anfang der Coronakrise stürmten die Menschen deshalb die Supermärkte, um Nudeln und Reis zu hamstern. Sie wollten Essensvorräte für lange Zeit anlegen. Genau wie ein Hamster. Seltsamerweise war auch das gesamte Klopapier im Nu ausverkauft. Was die Leute sich wohl dabei gedacht haben?

AUF DER SUCHE NACH EINEM IMPFSTOFF In China scheint das Virus seit Ende März 2020 unter Kontrolle. Der Rest der Welt hofft, dass sich die Situation bald entspannt. Aber die aktuelle Entwicklung zeigt, dass es immer wieder neue Ausbrüche, sogenannte Wellen, geben kann. Darum suchen Wissenschaftler*innen auf der ganzen Welt weiter mit Hochdruck nach einem Mittel, das dafür sorgt, dass uns das Coronavirus nicht krank machen kann. Einem Impfstoff, in der Fachsprache *Vakzine*.

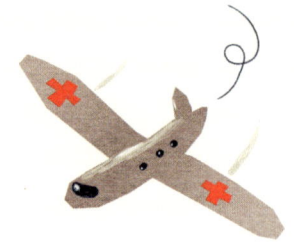

5 Welche Viren hat der Mensch schon besiegt?

Ebola, HIV und Corona konnten wir noch nicht kleinkriegen. Gegen eine ganze Reihe anderer Viren aber hat die Wissenschaft längst einen Impfstoff entwickelt. Mit einem kleinen Pikser gelangt der Stoff in unseren Körper.

Diese Spritzen sind nicht angenehm, aber leider notwendig. Dank ihnen kommen viele Krankheiten heute fast nicht mehr vor. Manche sind sogar komplett ausgerottet.

FLECKEN Masern ist eine Krankheit, bei der man Fieber und rote Augen bekommt. Nach einiger Zeit entstehen rote Flecken am Hals und am ganzen Körper. Vielleicht hast du die Masern ja auch schon gehabt. Sehr wahrscheinlich aber nicht. Als du noch ganz klein warst, wurdest du nämlich dagegen geimpft.

Bevor es die Impfung gab, starben hierzulande Hunderte Kinder jährlich an den Masern. Heute kommt die Krankheit bei uns fast nicht mehr vor. Weltweit sind die Masern jedoch immer noch eine der fünf häufigsten Todesursachen bei Kindern. In ärmeren Ländern sterben jedes Jahr immer noch weit über hunderttausend Kinder an dieser Krankheit.

Das liegt daran, dass es in diesen Ländern viel weniger Krankenhäuser und Ärzte gibt. Für manche Menschen ist die nächste Arztpraxis eine dreitägige Wanderung entfernt. Außerdem sind Impfstoffe teuer, und in anderen Ländern bekommen die Kinder die Impfung nicht von einer Krankenkasse bezahlt.

NOCH MEHR FLECKEN Eine andere Krankheit, die es fast nicht mehr gibt, sind die Röteln. Auch die verursachen bei Kindern Fieber und Ausschlag. Die Krankheit Windpocken, bei der man Blasen auf der Haut bekommt, wird auch bald verschwinden. Seit ein paar Jahren gibt es nämlich eine Impfung dagegen. Wer als Baby gegen das Virus geimpft wird, ist vor der Krankheit geschützt.

KINDERLÄHMUNG Vollständig ausrotten konnten wir die Pockenkrankheit. Ein somalischer Koch war 1977 der letzte Mensch, der an den Pocken erkrankte. Auch Polio ist heute fast verschwunden. Bei dieser Krankheit greift das Virus die Nervenzellen an. Darum wird Polio auch Kinderlähmung genannt. Manchmal lähmte das Virus auch das Zwerchfell, sodass die Kinder fast nicht mehr atmen konnten. Die Erkrankten konnten nur dank einer Eisernen Lunge überleben. Das ist eine Maschine, die das Atmen für den Patienten übernimmt, wenn er es selbst nicht mehr kann.

Bei uns werden Kinder schon seit vielen Jahrzehnten gegen Polio geimpft. Die Krankheit gibt es bei uns nicht mehr.

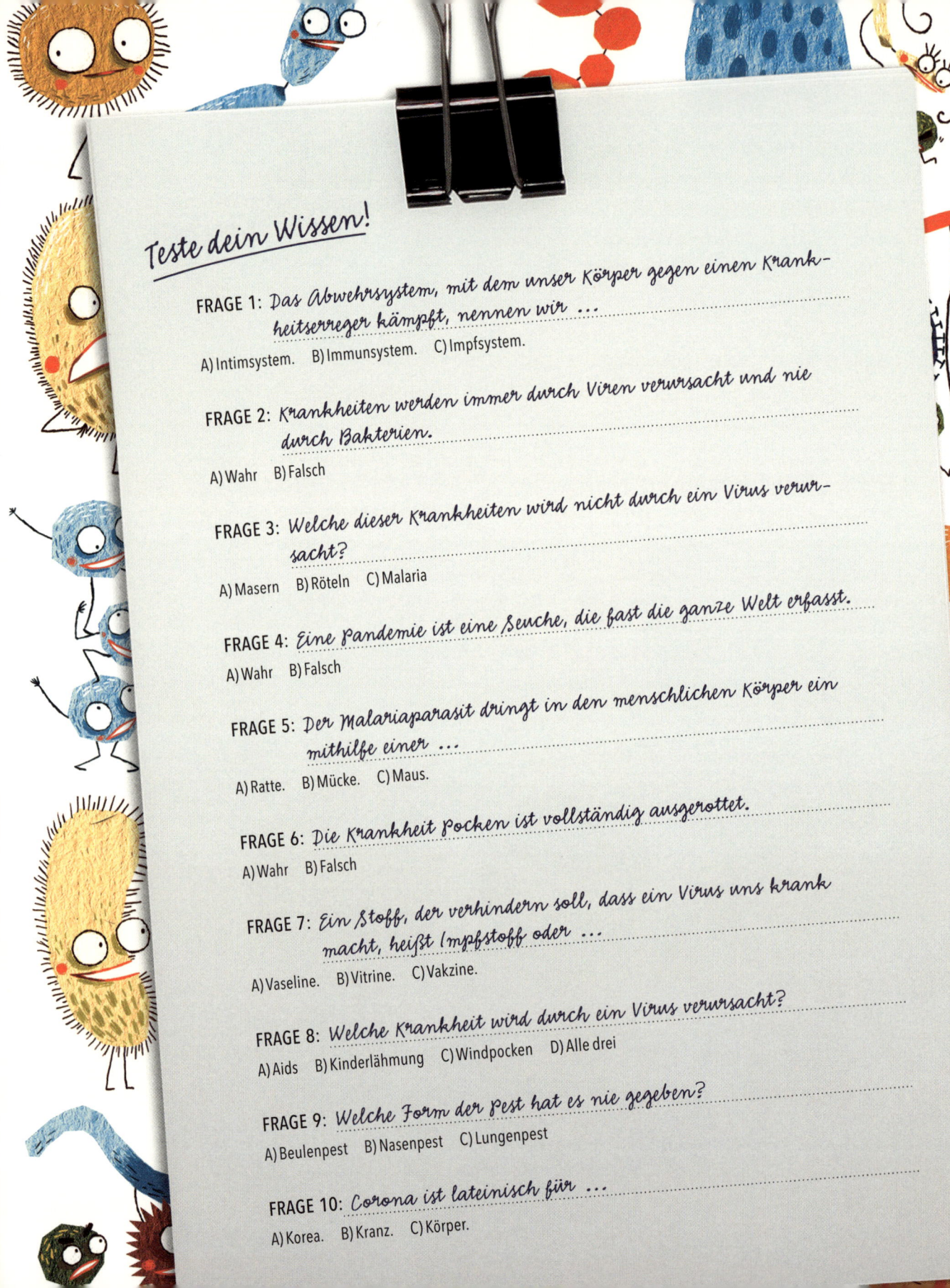

Teste dein Wissen!

FRAGE 1: *Das Abwehrsystem, mit dem unser Körper gegen einen Krankheitserreger kämpft, nennen wir ...*

A) Intimsystem.   B) Immunsystem.   C) Impfsystem.

FRAGE 2: *Krankheiten werden immer durch Viren verursacht und nie durch Bakterien.*

A) Wahr   B) Falsch

FRAGE 3: *Welche dieser Krankheiten wird nicht durch ein Virus verursacht?*

A) Masern   B) Röteln   C) Malaria

FRAGE 4: *Eine Pandemie ist eine Seuche, die fast die ganze Welt erfasst.*

A) Wahr   B) Falsch

FRAGE 5: *Der Malariaparasit dringt in den menschlichen Körper ein mithilfe einer ...*

A) Ratte.   B) Mücke.   C) Maus.

FRAGE 6: *Die Krankheit Pocken ist vollständig ausgerottet.*

A) Wahr   B) Falsch

FRAGE 7: *Ein Stoff, der verhindern soll, dass ein Virus uns krank macht, heißt Impfstoff oder ...*

A) Vaseline.   B) Vitrine.   C) Vakzine.

FRAGE 8: *Welche Krankheit wird durch ein Virus verursacht?*

A) Aids   B) Kinderlähmung   C) Windpocken   D) Alle drei

FRAGE 9: *Welche Form der Pest hat es nie gegeben?*

A) Beulenpest   B) Nasenpest   C) Lungenpest

FRAGE 10: *Corona ist lateinisch für ...*

A) Korea.   B) Kranz.   C) Körper.

Abenteuer
Mikrobiologie

WAS MACHT MAN DA EIGENTLICH? Mikrobiologinnen und Mikrobiologen arbeiten in den unterschiedlichsten Berufsfeldern. Manche in der medizinischen Forschung, wo sie krank machende Bakterien, Viren und Parasiten erforschen und Medikamente entwickeln. Andere sind in der Lebensmittelindustrie tätig und wachen darüber, dass unsere Nahrungsmittel keine schädlichen oder giftigen Mikroorganismen enthalten. Mikrobiolog*innen können auch in staatlichen Einrichtungen angestellt sein, wo sie im Labor forschen. Oder sie spezialisieren sich auf die Mikrobiologie unserer Umwelt. Als Umweltforscher*innen untersuchen sie dann zum Beispiel die Qualität unseres Trinkwassers. Manche Mikrobiolog*innen arbeiten auch im Krankenhaus. Andere geben als Lehrkräfte an der Hochschule ihr Wissen an Studierende weiter.

Können denn alle Mikrobiolog*innen die gleiche Arbeit machen? Nein! Du weißt ja inzwischen, dass es unheimlich viele verschiedene Mikroben gibt. Kein Mikrobiologe und keine Mikrobiologin allein könnte sie alle erforschen. Das wäre einfach viel zu viel. Die meisten Mikrobiolog*innen spezialisieren sich auf eine bestimmte Gruppe von Mikroben.

VERSCHIEDENE FACHGEBIETE Es gibt Mikrobiolog*innen, die sich nur mit bestimmten Bakterien beschäftigen. Sie erforschen, ob und wie diese Bakterien uns schaden können. Und welchen Nutzen sie haben. Das sind die *Bakteriolog*innen*.

Manche spezialisieren sich auf Viren und untersuchen, wie sie sich vermehren und uns krank machen. Das sind die *Virolog*innen*.

Andere widmen sich den Pilzen. Sie heißen *Mykolog*innen*.

Wieder andere befassen sich nur mit der Erforschung schlimmer Seuchen. Bei einer neuen Epidemie untersuchen sie, wie es zu dem Ausbruch kam und ob wir es vielleicht mit einer neuen tödlichen Mikrobe zu tun haben. Diese Wissenschaftler*innen heißen *Epidemiolog*innen*.

Und es gibt welche, die sich darauf spezialisieren, wie sich unser Körper gegen krank machende Mikroben zur Wehr setzt. Das sind die *Immunolog*innen*.

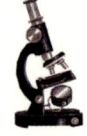

MUSS MAN DA LANGE STUDIEREN? Du möchtest auch Mikrobiolog*in werden? Dann solltest du auf dem Gymnasium am besten möglichst viel Bio, Chemie, Physik, Informatik und Mathe lernen. Englisch ist auch wichtig, denn Mikrobiolog*innen schreiben häufig Artikel für internationale Fachzeitschriften. Auch für den Austausch von Informationen mit Wissenschaftler*innen aus anderen Ländern ist es wichtig, dass du gut Englisch sprechen und schreiben kannst.

Nach dem Abitur musst du dann an der Universität ein Studium aufnehmen. Wenn du dich für Mikrobiologie interessierst, versuche am besten, noch mehr darüber herauszufinden. Zum Beispiel, indem du ein Wissenschaftsmuseum besuchst. Oder bei deiner Bio-Lehrerin nachhakst.

Später kannst du vielleicht mal einen Sommerjob oder ein Praktikum in einem Labor absolvieren und dort den Forscher*innen bei der Arbeit über die Schulter gucken. Mit den Experimenten auf den folgenden Seiten kannst du jetzt schon ein bisschen üben.

ZÜCHTE DEINE EIGENEN BAKTERIEN!

DAS BRAUCHST DU DAFÜR: *5 Glasbehälter mit Deckel (zum Beispiel von Marmelade oder Schokocreme), 1 Schüssel, 2 Tassen warmes Wasser, 4 Gelatineblätter, 4 Wattestäbchen, einen dicken schwarzen Filzstift, einen Erwachsenen*

DAS EXPERIMENT:

1 Bevor du mit dem Experiment beginnst, musst du sicherstellen, dass sich keine Bakterien in den Gläsern befinden. Darum musst du sie vorher besonders gut reinigen. Fachleute nennen das *sterilisieren*. Bitte eine erwachsene Person, die Schüssel und die Gläser mit warmem Wasser und Spülmittel abzuwaschen und sie anschließend mit kochendem Wasser auszuspülen und zu füllen. Auch die Deckel sollten einige Minuten in Wasser gekocht werden. Nach fünf Minuten sollte der oder die Erwachsene die Schüssel und die Gläser ausgießen. Wenn sie getrocknet sind, kann das Experiment beginnen.

OK ☐

2 Lege die Gelatineblätter in die Schüssel und gib zwei Tassen Wasser hinzu. Jetzt musst du gut rühren, bis sich die Gelatine auflöst. Als Nächstes gießt du die flüssige Gelatine in die Gläser, bis alle Gläser halb voll sind. Stell den Rest der Mischung zur Seite. Gelatine steckt voller Eiweiß und ist die perfekte Nahrung für deine Bakterien.

OK ☐

3 Schraub den Deckel auf eines der Gläser. Auf den Deckel schreibst du mit dem Filzstift *Kontrolle*. Für ein wissenschaftliches Experiment braucht man immer eine Kontrolle. Das Kontrollglas ist steril. Es befinden sich keine Bakterien darin. So kannst du es gut mit den anderen Gläsern vergleichen – denn darin werden Bakterien wohnen.

OK ☐

4 Jetzt tauchst du die vier Wattestäbchen in die restliche Gelatinemischung, die sich noch in der Schüssel befindet.

OK ☐

5 Als Nächstes wischst du mit jedem Wattestäbchen über verschiedene Flächen im Haus und im Garten. Du kannst zum Beispiel Bakterien aus dem Katzenklo oder Vogelkäfig aufsammeln oder vom Komposthaufen: wo genau, spielt keine Rolle. Und mit einem Stäbchen wischst

Abenteuer Mikrobiologie

du am besten auch über deinen Körper: Sammle Bakterien aus deinen Zahnzwischenräumen oder von unter deinen Fingernägeln! ☐ **OK**

6 Und jetzt tunkst du jedes Wattestäbchen in die Gelatine in einem der übrigen Gläser. Schraub alle Gläser zu und schreib auf den Deckel, wo die Bakterien jeweils herkamen. ☐ **OK**

7 Bewahre die Gläser bei Zimmertemperatur auf. Jetzt brauchst du etwas Geduld. Nach spätestens einer Woche, vielleicht auch schon nach einem Tag sind in den verschiedenen Gläsern verschiedene Arten von Bakterien zu sehen. ☐ **OK**

WAS PASSIERT HIER? In allen vier Gläsern vermehren sich die Bakterien, die du hineingegeben hast. Die Umgebung ist feucht, die Temperatur stimmt auch, und die Gelatine eignet sich prima als Nahrung. Jetzt, wo sie zu vielen Millionen sind, kannst du die Bakterien auch mit bloßem Auge erkennen. Im Kontrollglas dagegen sieht man nichts. Das wurde ja mit Spülmittel und kochendem Wasser gereinigt, und dabei wurden alle Bakterien abgetötet. Wächst da etwa doch etwas? Dann haben sich Bakterien aus der Luft doch noch schnell eingenistet, bevor der Deckel zuging. Aber bestimmt sind es viel weniger als in den anderen Gläsern.

VARIANTE: Du könntest bei diesem Experiment auch untersuchen, welchen Einfluss die Temperatur auf das Bakterienwachstum hat.

Dazu sammelst du wieder Bakterien von verschiedenen Orten. Aber nimm diesmal an jeder Stelle zwei Wattestäbchen. Dann tauchst du die zwei Wattestäbchen mit Bakterien von derselben Stelle in die Gelatine in zwei verschiedenen Behältern. Schreib diesmal auf den Deckel nicht nur den Herkunftsort der Bakterien, sondern auch einmal *warm* und einmal *kalt*. Das eine Glas bewahrst du an einem warmen Ort auf, zum Beispiel an der Heizung oder an einem sonnigen Platz. Das andere Glas stellst du an einen kühlen Ort, zum Beispiel in den Kühlschrank. Rate mal, wo die Bakterien am schnellsten wachsen werden.

WAS PASSIERT BEIM HÄNDEWASCHEN?

DAS BRAUCHST DU DAFÜR: *Vaseline, eine Zeitung, Staub, Erde, Zuckerperlen, ein Handtuch, kaltes Wasser, warmes Wasser, Seife, eine Assistenzperson*

DAS EXPERIMENT:

OK ☐ 1 Leg die Zeitung auf die Spüle und verteile etwas Staub und Erde darauf. Dann streust du noch ein paar Zuckerperlen darüber.

OK ☐ 2 Jetzt verreibst du etwas Vaseline zwischen deinen Handflächen.

OK ☐ 3 Als Nächstes legst du deine Hände auf den Staub, die Erde und die Zuckerperlen auf der Zeitung. Gut drücken, damit so viel wie möglich an deinen Händen kleben bleibt.

OK ☐ 4 Schüttle deine Hände über der Zeitung aus. Wie viel Staub, Erde und Zuckerperlen fallen runter?

OK ☐ 5 Wisch die Hände aneinander ab. Wie viel Schmutz wirst du auf diese Weise los?

OK ☐ 6 Bitte deine Assistenzperson, dir das Handtuch zu geben. Versuche, deine Hände am Handtuch sauber zu wischen. Klappt es?

OK ☐ 7 Als Nächstes bittest du deine Assistenzperson, kaltes Wasser laufen zu lassen, und spülst deine Hände unter dem kalten Wasser ab. Bringt es was?

OK ☐ 8 Und jetzt versuche es mit Seife und warmem Wasser. Werden deine Hände endlich sauber?

Abenteuer Mikrobiologie

DER NUTZEN DER SCHALE

EXPERIMENT
0003

DAS BRAUCHST DU DAFÜR: *2 Blatt weißes Papier, 2 Äpfel ohne Beulen und Dellen, einen dicken schwarzen Filzstift, ein Schälmesser, eine Assistenzperson mit schmutzigen Händen*

DAS EXPERIMENT:

1 Auf das eine Blatt schreibst du A und auf das andere B. ☐ OK

2 Wasch dir die Hände. Wasche anschließend die Äpfel. ☐ OK

3 Lege einen Apfel auf jedes Blatt. ☐ OK

4 Ritze mit dem Messer vier Kerben in Apfel B. ☐ OK

5 Bitte deine Assistenzperson mit den schmutzigen Händen, beide Äpfel festzuhalten. ☐ OK

6 Beobachte die Äpfel jeden Tag über eine Woche. Fasse sie nicht an. Schreib täglich auf, was mit beiden Äpfeln geschieht. ☐ OK

FRAGEN:

1 Warum hat der Apfel eine Schale?

2 Wirkt die Schale eines Apfels wie unsere Haut?

ANTWORTEN:

1 Die Schale schützt den Apfel vor Bakterien. Bei Apfel A können sie nicht hinein. Durch die Einkerbungen in Apfel B können sie jedoch eindringen.

2 Ja, auch unsere Haut schützt uns vor schädlichen Bakterien. Manchmal dringen Bakterien durch Wunden in unseren Körper ein.

65

DER KARTOFFELTRICK

DAS BRAUCHST DU DAFÜR: *3 runde Metalldeckel (zum Beispiel von Marmeladengläsern), warmes Wasser und Seife, Putzhandschuhe/Einweg-Gummihandschuhe, Alufolie, eine rohe Kartoffel, einen dicken schwarzen Filzstift, eine erwachsene Person*

DAS EXPERIMENT:

OK ☐   1 Wasche die Metalldeckel gut mit warmem Wasser und Spülmittel aus. Spüle sie anschließend gut ab und lasse sie trocknen.

OK ☐   2 Nummeriere die Unterseiten der drei Deckel mit einem dicken schwarzen Filzstift mit 1, 2, 3.

OK ☐   3 Bitte die erwachsene Person, die Kartoffel zu schälen und in ganz kleine Stücke zu schneiden. Nimm dir drei Stücke und spüle sie unter dem Wasserhahn ab. Jetzt ziehst du dir die Gummihandschuhe an und legst auf jeden der Deckel ein kleines rohes Kartoffelstück.

OK ☐   4 Als Nächstes schneidest du drei große Stücke Alufolie aus. Das erste Stück Folie legst du über Deckel 1. Pass dabei auf, dass die Folie die Kartoffel nicht berührt – dazu muss die Folie groß genug und das Kartoffelstück klein genug sein. Jetzt klappst du die Kanten der Folie um den Deckel, sodass keine Luft drunter durchgelangen kann. Lege den Deckel zur Seite.

OK ☐   5 Zieh die Gummihandschuhe aus und berühre das Stück Kartoffel auf Deckel Nummer 2 mit einem Finger – ausnahmsweise dürfen deine Hände ungewaschen sein. Bedecke und verschließe auch diesen Deckel mit Alufolie und lege ihn zur Seite. Achte wieder darauf, dass die Folie das Kartoffelstück nicht berührt.

OK ☐   6 Deckel Nummer 3 lässt du eine Stunde ohne Alufolie liegen. Verschließe dann auch diesen Deckel mit der Folie, ohne dass sie das Kartoffelstück berührt.

OK ☐   7 Lege alle drei Deckel an einen warmen Ort.

8 Warte drei Tage ab. Danach darfst du die Alufolie von den Deckeln

nehmen. Auf jedem Kartoffelstück siehst du farbige Flecken – das sind Millionen von Bakterien. Zähle die Flecken, ohne die Kartoffelstücke zu berühren, und schreibe auf, wie viele Flecken sich auf jedem Stück befinden.

☐ OK

9 Beantworte die Fragen und wirf danach alles in den Abfall.

☐ OK

FRAGEN:

1 Auf welchem Kartoffelstück befinden sich die meisten Bakterien?

2 Woher kommen die Bakterien auf den verschiedenen Kartoffelstücken?

3 Warum brauchtest du eine Kartoffel, um die Bakterien zu züchten?

4 Warum musstest du die Deckel erst reinigen?

ANTWORTEN:

1 Das kommt darauf an. Wahrscheinlich aber auf dem in Deckel Nummer 2.

2 In Deckel 2: Bakterien, die auf deiner Haut leben (dieses Stück hast du mit dem Finger berührt). Auf dem Kartoffelstück in Deckel 3 befinden sich Bakterien aus der Luft. Auf dem Stück in Deckel 1 würden wir eigentlich keine Bakterien erwarten, aber wahrscheinlich gibt es doch welche. Trotz der Gummihandschuhe haben sich bestimmt ein paar hineingeschmuggelt. Bakterien sind schließlich überall!

3 Die Kartoffel ist Nahrung für die Bakterien. Ohne Nahrung können sie sich nicht vermehren.

4 Durch die Reinigung stellst du sicher, dass vor Beginn des Experiments keine Bakterien auf den Deckeln befinden. Die Deckel sind steril.

NATURJOGHURT SELBER MACHEN

DAS BRAUCHST DU DAFÜR: *einen halben Liter Milch, einen Kochtopf, einen Herd, 3 Esslöffel probiotischen Naturjoghurt, eine Thermoskanne, einen Plastikbehälter, eine erwachsene Person*

DAS EXPERIMENT:

OK ☐ 1 Gieß die Milch in den Kochtopf. Der muss vorher ganz sauber sein.

OK ☐ 2 Bitte die erwachsene Person, die Milch auf 80 °C zu erhitzen. Wenn ihr kein Thermometer habt, um die Temperatur zu messen, macht ihr den Herd aus, kurz bevor die Milch kocht.

OK ☐ 3 Lasst die Milch auf 40 °C abkühlen. Wenn ihr kein Thermometer habt, kann die erwachsene Person mit der Hand fühlen, wann etwa Körpertemperatur erreicht ist.

OK ☐ 4 Als Nächstes rührst du langsam die drei Löffel Joghurt in die Milch.

OK ☐ 5 Die ganze Mischung kippst du in die Thermoskanne. Dann lässt du die Kanne gut verschlossen fünf Stunden stehen.

OK ☐ 6 Nach fünf Stunden machst du die Kanne auf. Du wirst sehen, dass du jetzt anstatt drei Löffel Joghurt eine ganze Kanne voll hast! Die Joghurtbakterien haben sich in der Milch vermehrt.

OK ☐ 7 Fülle den Joghurt in den Plastikbehälter um und lass ihn im Kühlschrank abkühlen.

FRAGEN:

1 Warum musst du die Milch erst auf 80 °C erhitzen?

2 Warum kommt die Milch mit dem Joghurt in die Thermoskanne?

3 Nenne zwei Gründe, warum die Joghurtbakterien sich in der Milch vermehren.

ANTWORTEN:

1 Um die vorhandenen Bakterien abzutöten. Bei Temperaturen über 75 °C sterben sie ab.

2 In der Thermoskanne behält die Milch ihre Temperatur von etwa 40 °C bei. Bei dieser Temperatur vermehren sich die Joghurtbakterien am besten.

3 Bakterien brauchen Feuchtigkeit und Nahrung. Milch ist nass und enthält unter anderem Proteine (Eiweiße), die ideale Nahrung also.

Antworten Wissenstests:

S. 18
1A – 2B – 3D – 4A – 5C – 6A – 7D – 8B – 9A – 10B

S. 30
1B – 2A – 3B – 4C – 5B – 6A – 7B – 8C – 9B – 10B

S. 42
1C – 2A – 3C – 4B – 5A – 6A – 7C – 8A – 9D – 10B

S. 58
1B – 2B – 3C – 4A – 5B – 6A – 7C – 8D – 9B – 10B

MARC VAN RANST, 1965 geboren, ist Professor für Mikrobiologie und Immunologie an der Katholischen Universität Leuwen. Seine Expertise wird häufig in den Medien gefragt. Er berät die belgische Regierung zum Coronavirus.

GEERT BOUCKAERT arbeitet seit zehn Jahren als Schriftsteller, Journalist und Fernsehproduzent. Für dieses Buch bündelte er die interessantesten Fragen zu Viren und Bakterien.

SEBASTIAAN VAN DONINCK, 1979 geboren, wuchs in einem kleinen Dorf in der Nähe von Antwerpen auf, wo er noch heute lebt. Seit 2002 arbeitet er international als freier Illustrator vor allem für Zeitschriften und Verlage.

STEFANIE OCHEL studierte in ihrer Heimatstadt Bonn und unterrichtete zunächst in Finnland und Großbritannien Deutsch, ehe sie sich dem Übersetzen zuwandte. Sie lebt heute in Berlin.

Die Originalausgabe erschien 2020 unter dem Titel
Monsterlijke microbe. Alles over nuttige bacteriën en gemene virussen
bei Lannoo Publishers.

Dieses Buch wurde mit Unterstützung
der Flanders Literature herausgegeben (flandersliterature.be).

**FLANDERS
LITERATURE**

hey! HANSER hey! Schau vorbei und
teile dein Leseglück auf Instagram

1. Auflage 2021
ISBN 978-3-446-26953-8
© 2020, Lannoo Publishers. For the original edition.
Original title: *Monsterlijke microbe. Alles over nuttige bacteriën en gemene virussen.*
Translated from the Dutch language
www.lannoo.com

Alle Rechte der deutschen Ausgabe:
© 2021 Carl Hanser Verlag GmbH & Co. KG, München
Umschlag: Stefanie Schelleis, München
nach einem Entwurf von Sebastiaan Van Doninck
Satz im Verlag
Druck und Bindung: PNB Print Ltd., Silakrogs
Printed in Latvia

»*Man lernt, man lacht – und man hat immer eine Geschichte auf Lager, um Freunde und Verwandte zu verblüffen.*«

Katharina Mahrenholtz, Norddeutscher Rundfunk

Wusstest du, dass eine Giraffe sich die Ohren auslecken kann? Dass Orangen eine Kreuzung aus Pampelmuse und Mandarine sind und ursprünglich grün waren? Dass Ketchup früher Medizin war und Seegurken nicht mit Salatgurken verwandt sind? Und dass es Fische gibt, die auf Bäumen leben? Oder dass es für Barbie ein lebendes Vorbild gab und blaues Blut tatsächlich existiert? 321 vergnügliche und überraschende Fakten aus allen Lebensbereichen, witzig illustriert und auf den Punkt gebracht, die nicht nur Kindern neue Erkenntnisse bieten. Ein Aha-Erlebnis für alle, die gerne mit ungewöhnlichem Wissen prahlen.

»Man erfährt ungewöhnliche und vergnügliche Dinge über Flora und Fauna, den menschlichen Körper, die Sprache und vieles mehr. Die Enzyklopädie ist mit unterhaltsamen Illustrationen gestaltet und sorgt für zahlreiche Aha-Momente bei Kindern und bei Erwachsenen.« *Landlust*

Mathilda Masters
Louize Perdieus
321 superschlaue Dinge, die du unbedingt wissen musst
Aus dem Niederländischen von Stefanie Ochel
288 Seiten. Klappenbroschur